Shinrin-Yoku

Shinrin-Yoku
心と体を癒す自然セラピー

宮崎良文

創元社

First published in Great Britain in 2017 by Aster, a division of Octopus
Publishing Group Ltd
Carmelite House
50 Victoria Embankment
London EC4Y 0DZ
Copyright © Octopus Publishing Group Ltd 2018
Text copyright © Yoshifumi Miyazaki
All rights reserved.
Yoshifumi Miyazaki asserts the moral right to be identified as the
author of this work.
Japanese translation rights arranged with Aster, a division of Octopus
Publishing Group Ltd. through Japan UNI Agency, Inc., Tokyo.

本書の日本語版翻訳権は、株式会社創元社がこれを保有する。
本書の一部あるいは全部についていかなる形においても出版社の
許可なくこれを使用・転載することを禁止する。

目次

イントロダクション 9

第1章　自然セラピーの概念 21
第2章　日本人と自然の関係 43
第3章　森林浴の実際 63
第4章　森林をもっと身近に 97
第5章　自然セラピーの科学的背景 127
第6章　森林セラピー®の将来 177

森林セラピーの組織 184
文献 185
索引 188
謝辞 191

※「森林セラピー」は特定非営利活動法人森林セラピーソサエティの登録商標です。

何の木の
花とはしらず
匂かな

松尾芭蕉

今、森を歩いていると
イメージしてください。
大地に土や葉を感じ、小枝を
踏む音を感じるでしょう。
小鳥がさえずり、木々の
梢を通して空を見上げると
小径に木漏れ日が
差し込んでいることに
気づくでしょう。

深呼吸をしてください。

コケ、土、樹木の
香りを嗅いでください。

イントロダクション

日本では、人口の増加とともに、病気になりにくい体をつくる予防医学に注目が集まっています。森林浴による「予防医学的効果」は、直観的には理解されてきたのですが、今、それを証明する科学的研究データが次々と提出されています。

「森林浴」という言葉は、1982年に林野庁長官だった秋山智英によって命名されました[1]。それは、文字通り、「forest bathing」と訳すことができ、「日光浴」や「海水浴」と同様に使われます。文字通りの「入浴（take a bathing）」ではありませんが、すべての感覚を使って自然と触れ合い、森林環境を浴びるのです。

森林浴とは何か？

森林浴とは、簡単に言うと、ゆっくりと森の中を歩くことです。最初に、この名前が付けられたとき、それは、日本の美しい森に人々を引き付けるためのものでした。しかし、私を含めた日本や海外の科学者が、自然が持つ人の健康に対する生理的・心理的効果を研究し始めたのです。自然に囲まれると何となく気分が良いという事実が、この研究を押し進めました。

森林浴

「森林浴」という漢字ですが、最初の文字は「森（木が3つ）」、2番目の文字は「林（木が2つ）」で3番目の文字は「浴（左は水の流れ、右は谷）」を意味します。

森林浴の生理的効果に関する実験は、1990年3月に屋久島において私が初めて実施しました[2-4]。ちょうど、実験開始時に測定指標として確立された唾液中のコルチゾール（ストレスホルモン）を指標として、NHK（日本放送協会）の協力のもと、行いました。その後、10年間ほど、生理的データの蓄積は、進まない状況が続きましたが、2000年に入ってからは、脳活動や自律神経活動計測法の進歩や計測機器の開発が急速に進み、ここ15年ほどで、急速にデータ蓄積がなされつつあります。

これらの知見によって、私たちの体は、自然対応にできていることが明らかになりつつあります。都市生活者が増える現状において、重要な知見となります。

なぜ、森林浴が必要なのでしょうか？

最近、ストレスに関連した疾患が世界規模で社会問題となっています。私たちは、知らず知らずのうちに、現在の人工化された都市社会において、覚醒しすぎた状態、ストレス状態になり、病気になりやすい体になっているのです。そのような状況下において、自然由来で、なおかつ低コストでもある森林浴の効果に注目が集まっています。

人は人となって700万年が経過しますが[5]、その進化の過程において、99.99％以上を自然環境下で過ごしてきたため、人の体は自然対応用にできています[6,7]。森林浴を含む自然セラピーは、疾病を治療することはできませんが、病気になりにくくするという「予防医学的効果」を持っており、医療費の削減にも貢献することができるのです。

ここ15年ほど、森林浴に関連した科学的データが蓄積されつつあります[8-30]。2003年には「科学的裏付けのある森林浴」を意味する「森林セラピー（Forest therapy）」という言葉が、筆者によって提唱されています。直観に基づいてスタートしたセラピーが、エビデンスに基づいたセラピーになり、今後、予防医学に貢献すると期待されています。

現在、日本には63ヶ所の森林セラピー基地が森林セラピーソサエティによって認定されています。多くの医師も森林医学医として認定されています。

私の履歴

私が、なぜ森林セラピー研究者になったのか、生い立ちからお話したいと思います。私は1954年生まれですが、物心ついたときから、漠然と「自然」が好きだったのです。9歳のときに引越をして庭ができ、土との触れあいが始まりました。植物が好きな父親と共に、庭木の植え替えなどを行った記憶があります。そのときに、土、花、木に触れると体がリラックスするという感じを持ち、なぜだろうと疑問に思ったことを覚えています。大学受験にあたり、農学部に進もうと考えたのは、明確ではありませんが、ずっと感じていた疑問を明らかにしたいという気持ちがあったからだと思います。

一方、私は子供の頃、成績が悪く、小学校低学年の時は、クラスで一番できない子供でした。5段階の通信簿で1と2しかありませんでしたし、100点満点のテストで20点以上を取ったことはありませんでした。今になって考えると、「質問があって回答する」というテストの基本的なシステムを理解しておらず、回答欄に何を書いていいのか分からなかったようです。そういう子供でした。

今は、千葉大学の教授ですが、大学進学の時は、現役の時も1年浪人した時も、千葉大学を受験して落ちました。学生にはなれませんでしたが、教授になったという不思議なことが起きています。

東京農工大学に何とか入学させてもらいましたが、学業をおろそかにし、スポーツと熱帯魚飼育という趣味に明け暮れました。その結果、単位取得は卒業に必要な84単位を1単位超える85単位、成績は最低という状態で学部を終え、何の就職活動もせず、マスターコース進学しか選択肢がないというあるまじき学生でした。

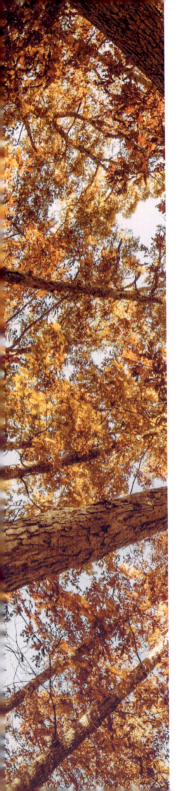

マスターコースの合格定員は10名だったのに12名に増えており、不思議に思っていましたが、12番目が私だったと、後で教えてもらいました。感謝の一言です。マスターコース修了時にも、全く就職活動をしませんでしたが、突如、私の意思とは無関係に東京医科歯科大学医学部助教というポジションが降ってわいたのです。当時の教授から「おまえでは心許ないが、もったいないので行ってこい」と言われたことを覚えています。

ここから、大きなうねりを伴った研究人生が始まりました。医師免許を持たずに医学部の教員を務めることは、様々な困難を伴いましたが、ここで「研究」に関する多くのことを学ぶことができました。東京医科歯科大学医学部は医学部の中でも、トップクラスであり、私の上司も極めて高いレベルの研究者でした。その下で研究活動を経験することにより、研究の基本を習得することができました。また、職業として研究を継続するには博士号の取得が必要であることがわかり、必死の思いで「医学博士」号を取得し、医学部にはつごう9年間在籍しました。何とも行き当たりばったりの人生です。

1988年、34歳のときに、国立森林総合研究所に採用していただき、ここから、森林浴研究がスタートしました。森林総合研究所では、研究の自由が与えられていたため、「森林」、「木材」、「快適性」に

焦点を絞り、子供の頃から感じていた「自然に触れるとリラックスする」という疑問を解明したいと考えました。

まだ30歳代で、十分な研究予算を取得することはできませんでしたが、幸いなことに1990年、36歳のときに、NHKから屋久島を題材とする番組を制作するので、協力してもらえないかとの依頼がありました。この幸運が屋久杉林においてストレスホルモンを計測するという世界初の森林浴生理実験に繋がり、農林水産大臣賞を受賞するきっかけにもなりました。

2004年、50歳になったときには、農林水産省、文部科学省などから合わせて3億円の競争的研究費を獲得するという幸運に恵まれ、本格的な森林セラピー研究をスタートさせました。その後、2007年、53歳のときに千葉大学環境健康フィールド科学センターからお誘いいただき、現在に至っています。

農学部に入学し、医学部助教、森林総合研究所チーム長を経て、千葉大学教授になりました。環境保護学、医学、森林学、木材学、現在の健康科学と様々な研究分野を渡り歩いた紆余曲折を経た研究者人生ですが、異なる専門分野で研究を実践できたことが、今の自然セラピー研究において、大きな財産になったと感じています。

嵐吹く
三室の山の
もみぢ葉は
龍田の川の
錦なりけり

能因法師

第 1 章

自然セラピーの
概念

ストレスによる心身の不調が、社会的な問題になっています。その解決のため、数百万年間にわたり、人と身近な環境にあった森林などの自然に関心が高まっています。イントロダクションで触れたように、自然セラピーはストレス状態を低下させ、生活の質を高め、ストレス関連疾患による医療費を減らすことができる新しい概念なのです。

私達は、自然に触れるとリラックスすることを感覚的に知っています。今後の自然セラピーにおいては、1）自然セラピーのリラックス感を科学的データから明らかにすること、ならびに2）予防医学的効果に基づいた自然セラピー利用法を確立することが求められています。自然セラピーは、私達の体が自然対応用にできているという性質を利用しているのです。

森林だけが、私達の健康や幸福に有益であるというわけではありません。他の自然由来の刺激、例えば、公園、花、盆栽あるいは木材にも、都市に暮らす人びとのストレス状態を低下させる効果があることが、科学的データによって示されています。

自然セラピーの目的

人は人となって700万年が経過しますが、その進化の過程において、99.99%以上を自然環境下で過ごしてきました。私たちは自然環境に適応した生体を持って現代社会を生きているため、必然的に、ストレス状態にあるのです。自然と接触すると生理的にリラックスしますが、それは人が自然対応用にできているからなのです。

自然によって、生理的にリラックスし、ストレス状態において抑制されている免疫機能が改善するという「予防医学的効果」が自然セラピーの基本概念となります[6,7]。この概念は、現在、世界各国において問題となっている医療費削減とQOL（生活の質）の改善に貢献します。

さらに、自然セラピーは、高すぎる場合は下げ、低すぎる場合は上げるという「生理的調整効果」を持ちます[8]。森林を歩いた後の血圧を歩く前と比較した場合、歩く前に比べて、低下する被験者と上昇する被験者がいました。通常は、森林を歩くことによって、血圧の低下が予想されますので、当初、困惑しました。しかし、よく見てみると、元々、血圧の高い被験者は森林を歩くことにより低下し、低い被験者は上昇するという「生理的調整効果」が認められました。一方、同じ被験者群が都市部を歩いたときには、そのような調整効果は認められませんでした。この「生理的調整効果」は森林特有の効果なのです。これは、森林環境が、その効果を個人に合わせて調整するという優れた現象なのですが、今後のさらなるデータ蓄積が必要です。

自然セラピーの概念

ストレス

森林や花などによる
鎮静効果

生理的リラックス　　個人差
免疫機能の改善　　　　　　　
　　　　　　　　生理的
　　　　　　　　　　　　　調整効果
病気の予防

医療費削減

自然セラピーは生理的リラックス状態を高め、低下している免疫力を改善するという予防医学的効果を持っています。この効果は、医療費削減に貢献します。

Back-to-nature theory
（自然回帰理論）

人間は、人間となって約700万年が経過しました[5]。仮に産業革命以降に都市化、人工化したと仮定した場合、その期間は2〜300年間に過ぎず、人間は99.99％以上を自然環境下で過ごしてきたことになります。

国連は、2008年に重大なマイルストーンを迎えたと発表しました。世界における都市生活者の人口が33億人となり、歴史上、始めて50％を超えたのです。2030年には都市生活者は、50億人になると予想されています。

遺伝子は数百年という短期間では変化できないため、私たちは自然環境に適応した体を持って現代社会を生きているのです。必然的に、常にストレス状

態にあります。加えて、最近の急激なコンピュータの普及は、さらなるストレス状態の昂進を生み出しており、1984年にはアメリカの臨床心理学者C. Brodにより、「テクノストレス」という言葉が作られています。ここ30年程度で第二期の人工化社会に進み、自然からさらに遠ざかったように思われます。

私の恩師である生理人類学者の佐藤方彦先生は、ご著書[31]中で、人間の歴史の中で都市が出現したのはごく最近のことであり、人間の生理機能は、すべてが自然環境のもとで進化し、自然環境用に作られている、と記されています。私たちは、森林、公園、木材、花などの自然に触れるとリラックスした感じを持ちますが、それは、遺伝子を含めた私たちの体が自然対応用にできているからなのです。私のこのセオリーは、ニュージーランドの研究者であるM. A. O'GradyとL. Meineckeによって、Back-to-nature theory（自然回帰理論）と命名されています[32]。

人は人となってからの99.99％以上の年月を自然環境の中で過ごしてきました。これが、人が自然に適応している理由なのです。

自然セラピーと健康

世界中で健康に対する関心が高まっています。「健康」は「病気でない」ということではありません。それぞれの人が、遺伝子レベルで持っている可能性を十分に発揮している状態のことなのです。つまり、健康は絶対値で表すものではなく、相対的な概念と考えられます。健康とは、目的ではなく、各人が生活の質を高めるための方法なのです。

都市化

2014年の国連報告によると世界の人口の54％は都市部に住んでおり、2050年には66％になると予想されています。「持続可能な都市化」を円滑に進めることは、困難な状況にあり、これは都市生活者の健康や幸せにも、大きく関係しています。

都市化は本来、悪いものではありませんが、私たちの体は快適さを求めており、自身の体を調整する

ために自然を必要としているのです。これは既に、経験的には、分かっていることですが、今後、自然セラピーがもたらす予防医学的効果に関して、生理データに基づいて証明する必要があります。

21世紀における生活

日本語には、「ストレス」に当たる言葉はないため、英語の「ストレス」を使っています。しかし、これは日本にストレスがないということではなく、近年の長時間労働や高学歴志向等による圧力は増大しているのが現状です。

私たちは、体が自然対応用にできているにもかかわらず、都市化された社会に住んでいます。多すぎる刺激によって交感神経活動は常に高く、ストレスレベルにあるのです。睡眠不足やリラックスする環境の減少が自律神経活動の調整を妨げています。

「闘争か逃走か」

交感神経活動

交感神経活動は闘争ー逃走反応によって高まります。闘争ー逃走反応はストレッサーに対する迅速なストレス反応です。ストレス下において、私たちの体はアドレナリンによってフル稼働します。脳の警告システムにスイッチが入ったとき、自動的にサバイバルモードに入り、闘争ー逃走反応が起きるのです。

21世紀を生きるにあたっての問題点は、私たちのストレス反応システムが物理的なストレッサーのみならず、精神的なストレッサーでも生じるということなのです。混雑した電車や駐車場、あなたの報告に嫌な顔をする上司等々です。さらに、新たなテクノロジーによってもたらされる絶え間ない刺激が、ストレス状態を引き起こします。

つまり、現代生活における過剰な刺激が、交感神経活動亢進の引き金となるのです。覚醒した状態が長く続くことにより、ストレス状態が持続してしまう可能性があります。

「休息と消化」

副交感神経活動

交感神経系とともに自律神経系をなす副交感神経系は、「休息と消化」に貢献します。体は鎮静的なリラックス状態になり、この状態において、様々な修復作業がなされます。

一方、余りに長い期間、慢性的なストレスに曝されたときには、副交感神経系が疲弊してしまいます。

自然と神経系

中枢神経系や自律神経系などの調整が、自然セラ
ピーにとって重要です。自然環境の中にいるとス
トレス状態が軽減され、元気になり、リフレッシュ
します。自然環境が、神経系を調整し、活気とリ
ラックスの健全なバランスを保つのです。病気は
予防され、健全な生活が確保されます。

ストレスに関連した病気

以下の病気と状態は、慢性ストレスに関連する
と言われています。

- 風邪
- 背中や首と肩の痛み
- 治癒の遅さ
- 体重の増加と減少
- 睡眠機能障害
- うつ状態
- 自律神経障害
- 過敏性腸症候群
- 潰瘍と胃炎
- 心臓病
- ガンのリスク

医学と自然

森を歩くという単純な行為は、特別なことではありませんが、森林セラピーやその後に受ける恩恵は大きなものなのです。

森林浴の恩恵

私たちは、森林セラピーによる直接の恩恵を計測しました。

- 腫瘍や感染と戦うことが知られているナチュラルキラー（NK）細胞の増加による免疫機能の改善
- 副交感神経活動の上昇によるリラックス状態の高まり
- 交感神経系活動の低下によるストレス状態の軽減
- 15分間の森林セラピーによる血圧の低下
- 質問紙によるストレス状態の低減
- 森林セラピープログラムによる血圧の低下と職場復帰後5日間にわたる低下の継続

自然の修復力

ウルリッヒは、病室の窓から見える自然の風景が良い効果を持つことを示しました。胆嚢除去手術後の患者の回復時に、病室の窓かられんが塀が見える患者と自然の風景が見える患者に分けて調べ、自然の風景が見える患者は、回復が早く、入院日数が短いこと、痛み止めの使用量も少ないことを明らかにしました[33]。

なぜ、自然はストレスを軽減するのでしょうか?

私たちのほとんどは、自然に囲まれていると「快適である」と感じます。「快適さ」を説明することは重要なことなのですが、残念ながら、まだ確定した定義はありません。私は、ここで「快適さ」に関する定義を提案したいと思います。

リズムの同調

私は、快適性とは、「人と環境間のリズムがシンクロナイズした状態」であると考えています。日常的に私たちは、自分がいる環境とリズムがシンクロナイズしていると感じた時に快適な感じを持ちます。講演時に聴衆が、相づちを打ちながら、関心をもって聞いてくれると話が弾みます。しかし、よそ見をしたり、居眠りをしたりしている人がいると話が詰まることがあります。コンサートでも同様だと思います。

人が、その場の環境とシンクロナイズしているか否かという観点から、快適性を論じることができると考えています。当然、対象となる環境は、人はもちろんのこと、動物、植物ならびに絵画や音楽などの無生物も含みます。もし、今、リズム感を持って本書を読んでいただいているとしたら、シンクロナイズした状態が生み出されており、快適感が生じていると思われます。

私が研究テーマとしている人と自然のシンクロナイズの一例を示してみましょう。私たちは、森林浴をしたり、花に触れたりすると勝手にリラックスしてしまうことを日常的に経験しています。今、この原稿を書いている部屋のコーナーに食後の種から育てた1.5ｍほどのパパイヤとアボカドの鉢植えがあり、先日、完熟のパパイヤが収穫できて美味しく食べました。執筆に疲れたときに、一瞬眺めるだけでリラックスすることを実感しています。たとえ、鉢植えという小さな自然であっても私とシンクロナイズしていると感じるのです。これも今を生きる人が、人となってからの700万年の間、自然の中で生活してきたため、体が自然対応用にできていることと関係しているのでしょう。

消極的快適性と積極的快適性

快適性の種類

世界保健機関（WHO）は、1961年に生活に関する基本的考え方を示し、それらは快適性（comfort）、能率（efficiency）、健康（health）、安全性（safety）の4階層構造に分けて解釈されています。乾正雄は、快適性を2つに分け、「消極的快適性」「積極的快適性」と命名しました[34]。私は、乾の考え方を基本として、「消極的快適性」と「積極的快適性」を右図のように整理しています。

「消極的快適性」は、安全や健康の維持を含む欠乏欲求であり、不快の除去を目的とした「受動的な快適性」です。そのため、個人の考え方や感じ方が入ることがなく合意が得られやすいという特徴があります。そのほとんどは、暑い・寒いを対象とした温熱研究となり、基本的要求となります。一方、「積極的快適性」は、プラスαの獲得を目的とする「能動的な快適性」となり、大きな個人差を生じます。五感を介した研究は、「積極的快適性」となり、その研究の多くは1990年代から始まりました。

私がまだ、小学生だった頃、50～60年ほど前には、大気汚染などの問題があり、居住環境も夏は暑すぎて、冬は寒すぎるという状況で、日本の生活環境は整っていませんでした。まさに、消極的快適性の確保が求められている時代だったのです。

1990年代に入り、大気汚染や温熱問題を対象とする「消極的快適性」から、五感を介した「積極的快適性」に、社会の関心が移ってきました。しかし、「積極的快適性」は、個人差が大きいという特徴を持っています。社会は「積極的快適性」の解明を要望しているにも関わらず、論文を書きにくいため、本分野の研究者が非常に少ないという現実があることも事実です。

冬過ぎて
春来るらし
朝日さす
春日の山に
霞たなびく

作者不詳

第2章

——

日本人と自然の関係

　以前に、日本の元旦のNHK（日本国営放送）で、生物学者の日高敏隆先生（私の大学時代の生物学の先生）と華道家の川瀬敏郎氏らによる鼎談がありました。その中で、川瀬氏は日本の華道とヨーロッパにおけるフラワーアレンジメントの違いに言及されていました。華道では、生け終わった後、生けたお花に対して礼（お辞儀）をするのですが、フラワーアレンジメントでは、そのような習慣はない、というものです。日本における花に対する礼（お辞儀）は、人と生けた植物が同等であることを示していると発言をされていました。

それを受けて日高先生が、フランスのある家庭でフラワーアレンジメントを誉めたら、どこが良いのか聞かれて困ったという話をされていました。フラワーアレンジメントの良さとは、人と花との引き込み合いを含め、一体として感じているので、分析的なことを聞かれても困るということだと思います。

これこそ、日本人独特の自然観を示していると感じました。人が自然より高い位置にいるという考え方ではなく、人と自然が同等の存在であるとする考え方です。私は、二人が科学者と華道家という全く異なる分野に所属しているにもかかわらず、人と自然の関係について、同じ考え方をされていることに強い興味を持ちました。

日本文化における自然

作家の栗田勇は、『花を旅する』[35]の中で、「西欧では花を見る、アジアでは花と暮らす」と記しており、相通ずるものがあります。日本の歌人である紀貫之や小野小町による約1000年前の歌にも、花と自分の命や容姿を一体として捉えている歌が数多くあり、日本における人と自然の関係を示しています。

東京大学名誉教授の渡辺正雄は、日本人の自然観に関する彼の考えを1964年のScience[36]に示しています。「西洋の場合、西洋社会で信奉されてきたキリスト教に従って、天地万物はすべて神の被造物であって、その中で人間だけは特別な被造物であるとして、人間とそれ以外の被造物との間には截然たる一線が引かれてきました。（中略）人間を、かつ人間だけを、他よりは上位にある特別の被造物であるとみるところに、西洋の自然観の基本があると言えましょう」また、「西洋では、人間が、自然と対峙する人間であるのに対して、日本では、自然の中にある人間である」と述べています[37]。

さらに、森永晴彦はそのエッセイの中で西洋的絶対と東洋的相対という観点から、それぞれの文化の底に流れている違いを示しています[38]。一般に、A whale is not a fish, is it? の問いに対し、日本人はYes, of course, it is not a fish. と答えます。西洋では、後に続く文が肯定ならyes、否定ならnoとなるのですが、日本人は相手に同意する場合にyes、相手を否定する場合にnoとなるからであると説明しています。この西洋的絶対と東洋的相対が、人間と自然の関係にも当てはまると思われます。

日本人の美

日本文化における本人と自然の関係について、論じられることがあります。

古今和歌集においても、人の感情は「自然」の観点から詠まれています。紀貫之は、古今和歌集の仮名序において、「やまとうたは、人の心を種として、万の言の葉とぞなれりける。世の中にある人、ことわざ繁きものなれば、心に思ふことを、見るもの聞くものにつけて、言ひ出せるなり。花に鳴く鶯、水に住む蛙の声を聞けば、生きとし生けるもの、いづれか歌をよまざりける。（和歌は人の心を種として、いろいろな言葉の葉が繁ったようなものである。この世に生きている人は、いろいろな事物にいそがしく接しているので、心に思うことを、見るにつけ聞くにつけ、歌に詠むのだ。花の間に鳴く鶯、水に住む河鹿の声を聞けば、この世に生きているもので歌を詠まないものがあろうか[39]）」と詠んでいます[40]。

感情と自然がリンクする古典的な例として、桜が散る様は悲しみを表し、秋の夕暮れは孤独を表現すると言われています。

現代の日本においても、これらの考え方は続いています。

春はあけぼの

やうやう白くなりゆく山ぎは

少し明かりて紫だちたる

雲の細くたなびきたる

夏は夜

月の頃はさらなり

闇もなほ　蛍の多く飛び違いたる

また　ただひとつふたつなど

ほのかにうち光りて行くもをかし

雨など降るもをかし

清少納言

日本の地理 [41]

日本列島は南北に細長く、北から南までおよそ3000kmあります。その気候と地理により、広範囲にわたる樹種が存在します。南部のマングローブの沼地、中部におけるブナのような落葉広葉樹、北部の針葉樹などです。

日本の植物相は多種多様です。およそ5560種の植物種が自生しており、この多数の植物は日本列島を特徴づける気候の多様性を反映しています。

マツやスギは、日本では一般的で、日本人になじみがある樹種です。

森林は249850平方km以上あり、日本の総面積の69%を占めています。世界の工業国のうち、スウェーデンとフィンランドが同様に高い森林密度を持つ国です。日本は、また、世界で最も人口密度の高い国の1つでもあります。

日本の木の重要性

日本は、国土の多くが森林で占められており、木が尊ばれてきました。木の名前だけでも「自然と人の調和」が示されています。マツは、「待つ」を意味し、「神の魂が天国から伝わるのを待つ」という意味合いと言われています[42]。

スギ
スギのような大きくて、古い樹木は、ランドマークとして重要な意味を持ちます。樹高と独特の形によって、さらに年輪が気候変動の記録となっており、尊重されます。

最近、巨木の重要性に関心が高まっています。古い傷んだ木のための樹木医も存在します。屋久島には、樹高30m、樹齢2000年を超える屋久杉があります。

門松
新年に松の枝で戸口を飾る門松という伝統は、現在も一般的です。元々は、家に神をお迎えするという風習から来ています。

竹

竹は、しばしば聖地を意味します。たとえば、水田に竹を立て、豊作を神に祈ります。竹は成長が早いために尊ばれて、強い生命の神秘を象徴するのです[42]。

桜の花

花見という何世紀にもわたる伝統は、現在でも人気があり、多くの人々が、つかの間の壮観を楽しみます。日本での桜の花の意味は深く、国花として文化的な意味も持ちます。桜の花は、圧倒的な美しさだけでなく、生、死ならびに復活における永続的な表現としても尊ばれます。桜の花は、人間の存在のための時間を超越した比喩なのです。花は素晴らしく、人を酔わせるようですが、驚くほど短命です。私たちの命もまた、儚く美しいのです。この花のイメージは、日本の絵画、映画、詩にも浸透しています。

盆栽

鉢で成長するミニチュアの樹木の技術は、7世紀に日本に伝えられました。多くの日本の芸術様式のように、盆栽は、複雑で捉えがたい過程があるのです。盆栽は、左右対称は好まれず、自然の中で成熟した樹木をそのまま再現することを目指しています。

日本における自然セラピー研究

この研究は、都市環境によるストレス軽減を目指して農林水産省と文部科学省から競争的資金を獲得したことによって実現しました。

私は、2004年に文部科学省と農林水産省から自然セラピーに関連した大型研究予算（約3億円）を獲得することができました。さらに、政府の補正予算によって追加研究予算（2億円）を獲得し、人工気候室を作成したことにより、研究が飛躍的に発展しました。

また、この15年ほどの間に、日本の生理計測メーカーは、脳活動と自律神経活動計測のため、世界で最も先進的な機器類を開発しました。これは、日本における自然セラピー研究の進展に大きく貢献しました。

これまでの私たちの研究

日本においては、森林セラピーだけではなく、自然セラピーにおいても、科学的なデータを提出しています。公園セラピー[43-48]、木材セラピー[49-58]ならびに花き・盆栽セラピー[59-76]です。

木材セラピーでは、1992年に私がタイワンヒノキ材油を用いた嗅覚刺激による生理実験を実施したのが、初の研究報告となりました[49]。2017年現在、木材セラピーについては45報の生理論文が提出されていますが、そのうち30報は私たちの研究室から提出された論文です[18-23等]。スギ、ナラ、ヒノキ等の木材による嗅覚と触覚刺激によって、脳前頭前野活動の鎮静化、交感神経活動の低下、副交感神経活動の高まりなどによる生理的リラックス効果を報告してきました。

2007年からは、木材セラピーに加えて、公園セラピー、花き・盆栽セラピーなどを含んだ自然セラピーにおけるデータ蓄積も行っています。これまでに公園歩行、バラ、パンジー、ドラセナ（観葉植物）、ヒノキ盆栽の視覚刺激、バラ、オレンジの嗅覚刺激、観葉植物植え替え実験などを行い、他の自然セラピーと同様に脳前頭前野活動の鎮静化、交感神経活動の低下、副交感神経活動の高まりなどによる生体の生理的リラックス効果を報告してきました。

第3章

——

森林浴の実際

森林セラピー活動では、実際に何をするのでしょうか？
ここでは、日本の森林セラピー基地における各種のセラピー活動を紹介します。好みの活動を見つけてください。自然の中に身を置き、季節の違いを感じたり、木々を見たり、音を聞いたりすることによって高すぎる覚醒状態を鎮静化し、本来の人としての状態に戻すという作業が行われます。

森林セラピー活動

森林を歩くことや、座って眺めることを中心とした様々なタイプの森林セラピープログラムが用意されています。それらに加えて、それぞれの基地で、森林セラピーに関連した工夫を凝らした各種イベントが提供されています。

森林セラピーは人工・都市環境下における高すぎる覚醒状態を鎮静化し、リラックスすることによって、本来の人としての状態に戻すことを目的としています。そのため、1) 瞑想、ヨガ、ストレッチ、ハンモック、樹木への接触などが行われ、高齢者をターゲットとしているプログラムもあります。2) 滝、星空、雪山を使ったプログラムも用意されており、3) 日本の四季の美しさに焦点を当てた桜、花、紅葉を用いたプログラムや日本らしさをセールスポイントとした棚田、お茶摘み、温泉も提供されています。さらに、4) 音楽会、アロマ作成、乗馬やドッグセラピーなども取り入れられていますし、魚つかみなどの子供向けのメニューも用意されています。

瞑想とヨガ

現在、森林の中で、座って眺めるという行為に関する生理的リラックスデータは提出されておらず、今後は森林の中で行う「瞑想とヨガ」の生理的リラックス効果を科学的に明らかにすることが求められています。その効果を明らかにすることによって、さらなる森林セラピープログラムの充実に貢献できるのです。瞑想とヨガは、吉野町、飯山市、高野町、津市などで実施されています。

ハンモック

人気のある活動としてハンモックがあります。仰向けになって、木々の間に身を置くという非日常的な行為である点に大きな特徴があります。生理的リラックス効果が期待され、今後の生理データの提出が待たれています。高野町、安芸太田町、吉野町、八女市などで実施されています。

滝

日本には美しい滝が多く、森林セラピープログラムに取り入れられています。滝行は、日本人にとって関心の高いイベントであり、上市町の滝行体験は参加者から高い評価を受けています。上野村で行われている滝の前で仰向けになって寝転ぶというプログラムも独特の優れた試みです。山北町や吉野町の滝前でのストレッチも人気があります。滝が醸し出す澄んだ空気と聴覚刺激は、森林セラピープログラムの大きな魅力の1つとなっています。

樹木との触れ合い

樹木に直接触れると、木の温かさを感じます。異なる樹種に接触することによって、様々な樹皮の感触を楽しむことができます。室内実験において、木材への接触によって、脳前頭前野活動が鎮静化し、リラックス時に高まる副交感神経活動が高まることが報告されています（104ページ参照）。木材に触れることによって、脳も体もリラックスするのです。今後は、森林浴の際に樹木に触れたときのリラックス効果を明らかにすることが求められています。高野町、飯山市および津別町等において実施されています。

星空

日本の都市部では、急速な大気汚染によって、観察できる星が激減しており、星空ツアーは魅力的な森林セラピープログラムとなっています。阿智村は「星が最も輝いて見える場所」第1位として2006年に環境省から認定されています。東京都最西端にある奥多摩町、北海道北部に位置する津別町でも、星空観察は実施されており、その幻想的な美しさを求めて多くの人が集まっています。

雲海

雲海とは高い山から見下ろしたときに、雲が海のように見える現象です。津別町の雲海は、参加者に非日常をもたらします。日の出とともに眺める雲海は荘厳です。このツアーでは、お茶とともに雲海を楽しむことができます。

雪山

現状においては、積雪とともに森林セラピーコースが閉鎖されることが多いのですが、今後の課題として、雪山森林セラピープログラムの開発が待たれています。私たちの冬季公園セラピー実験において、外気温が低くても、防寒を行えば、公園を歩くことによって、リラックス時に高まる副交感神経活動が上昇し、生理的にリラックスすることが報告されています[45]。雪山森林セラピーにおいてもリラックス状態が高まると予想されます。

ノルディックウオーキング

日本は高齢化社会を迎えており、高齢者の「生活の質」の確保は緊急の課題となっています。登米市では高齢者をターゲットとして、ノルディックウオーキングによる森林セラピープログラムを展開しています。篠栗町でも同様の取り組みがなされています。

桜

桜は、春の訪れを知らせる使者であり、日本人にとって、特別な花です。桜とともに春が始まり、日本中で花見の宴が催されます。桜は、日本文化との関わりも強く、和歌や芸術作品においても重要な役割を果たしています。

本巣市の桜は「淡墨桜（うすずみざくら）」と呼ばれ、樹齢1500年と言われています。樹高16.3 m、幹囲9.9 mを誇り、日本の3大桜の1つとなっています。

花と森

落ち着いた森林と華やかな花との組み合わせは、森林セラピープログラムにおける大きな要素となります。赤城自然園や高野町では、四季の花と森の組み合わせによる印象的で楽しいプログラムを展開しています。

棚田

棚田は農村を思い起こさせる場所です。美しい森林の景観をさらに強調し、森林セラピープログラムに魅力を加えています。うきは市森林セラピー基地は、棚田を森林セラピー活動に効果的に調和させています。

お茶摘み

日本人にとって、日本茶は日常的に親しむものであるとともに、茶道などにおいても重要な要素となっています。お茶の産地である山北町では、お茶摘みをプログラムに組み込むという独特の森林セラピープログラムを展開しており、参加者は五感を通して楽しむことができます。

音楽会

コンサートという聴覚と視覚への刺激が、森林におけるセラピー効果を高める可能性を秘めています。ヘブンスそのはら、津別町、霧島市等において、森林セラピープログラムの1つとして取り入れられています。

紅葉

春の桜と秋の紅葉によって、日本人は、季節の変化を感じ取ります。赤城自然園と神石高原町は素晴らしい紅葉の森を持っており、好評を博しています。

アロマ作成

嗅覚刺激は、感情を司る大脳辺縁系に直接作用することが知られているため、効果的な森林セラピープログラムとなります。自分用のアロマ作成は特に女性に人気があり、ヘブンスそのはらや津別町等におけるアロマ作成と精油抽出は人気のプログラムとなっています。

乗馬・ドッグセラピー

神石高原町と上野村は、犬や馬といった動物との触れあいを通して、森林セラピー効果を高めようというユニークな試みを行っています。これらの触れあいは、リラックス効果をもたらすことが予想され、魅力的な試みとなっています。

子供用プログラム

森林セラピー基地では、子供用にデザインされたプログラムが提供されています。例えば、津市では、竹を使った水鉄砲遊び、魚つかみのプログラムが用意されており、津別町では木登りプログラムを楽しむことができます。

あなたにベストな自然セラピーとは?

自分に最も適した森林セラピー実践法とは何でしょうか？ 曖昧だと感じられるかもしれませんが、それは、自分が最も好きな森林セラピー法を選択することです。本格的な宿泊型森林セラピーから始まって、日帰り型森林セラピー、公園セラピー、室内においてもエッセンシャルオイル、森の景色、森の音など、その利用法は幅広いのです。日本における森林セラピーは、森林セラピー基地において、歩くこと、座って眺めることに加え、瞑想、ヨガ、ストレッチ、ハンモック、滝、星空、雪山、桜、紅葉、棚田、お茶摘み、温泉、音楽会、アロマ作成、乗馬、ドッグセラピー等の様々なプログラムが用意されています。ここから、自分好みの森林セラピープログラムを選択するのも一法です。自然に関する好みと生理的リラックス効果には相関がある、という科学的なデータも、提出されています。

私たちは、森の小川のせせらぎの音をスピーカーから聞いて脳活動と血圧を計測する実験を実施しました。被験者によって、「快適」と感じる人から「どちらでもない」と感じる人まで様々でしたが、「快適」群では脳前頭前野の活動が鎮静化し、血圧も低下し、体は生理的にリラックスすることがわかりました。一方、「どちらでもない」群では、変化はなかったのです。

視覚刺激においても同様の結果でした。実際に木材率30％、45％、90％の8畳の部屋を作成し、そこに居たときのリラックス効果を調べる実験を行いました。平均的には、木材率が30％の部屋で最もリラックスするという結果を得ましたが、被験者によって、好みの部屋が異なっており、「非常に快適である」と感

第3章 森林浴の実際

じた場合に血圧が大きく低下しました。「どちらでもない」と感じた被験者の場合は、変化しないことが分かりました。また、日常的に嗅ぐことの多いコーヒー豆を挽いたときの香りでも同じ結果でした。自然由来の刺激の効果に関するこれまでの実験においては、例外なく、平均値としては、生理的にリラックスしているという結果が出ますが、大きくリラックスしている人から変化のない人までいるのです。これは不思議なことではなく、一般的な現象です。森の中で自分が、快適でリラックスしていると感じている場合は、体も生理的にリラックスしているのです。

一方、自分に合った森林、公園、エッセンシャルオイルなどを選択するには、体験が必要です。インターネット情報などを参考にして、ある程度の目処を付け、後は実践し、自分でお気に入りの森林浴スタイルを見つけることをお勧めします。小さな自然が好きな人は、その方法を模索すれば良いのです。好きな自然由来の刺激が体に生理的リラックス効果をもたらすことは、既に、科学的に明らかにされています。「お気に入りの自然」を使って、生活をエンジョイしましょう。

日本の森林セラピー基地

日本は異なる気候と多くの種類の森林をもつ森林密度の高い国です。現在、北海道から沖縄まで、生理的リラックス効果を持つことが認められている63の森林セラピー基地があります。ここでは、4つの代表的な森林セラピー基地を紹介します。

赤沢自然休養林

ここは、森林浴発祥の地とされており、日本を代表する樹種であるヒノキの樹齢300年を超える天然林を有しています。2005年から毎年実施されている森林セラピー基地認定事業において、第一期森林セラピー基地に認定されています。当初から現在に至るまで見浦崇上松町観光協会事務局長を中心に高いレベルの森林セラピー活動を継続的に推進しています。日本を代表する森林セラピープログラムを有しており、日本屈指の森林セラピー基地となっています。

上松町では、一般的な森林セラピープログラムに加えて、1泊2日の健康診断と森林セラピーを組み合わせたプログラムを用意しています。1日目の午後に人間ドックを実施し、2日目の午前中に長野県立木曽病院の医師（久米田茂喜名誉院長ら）が処方した森林セラピーコースを医師と共に歩き、散策後の健康チェックを実施するプログラムです。特徴的な試みとして、散策コースに沿って森林鉄道を走らせており、人気を博しています。夏季には森林内を流れる川を使った水遊びも実施されています。

我々との共同研究において、4報の論文[12),14-16)]が学術誌に掲載されています。実験例については、150〜151ページ、156〜159ページをご覧ください。

東京・奥多摩町

奥多摩町は、東京都の最西端に位置しており、面積の94％が森林という自然豊かな町です。また、「日本一巨樹の多い町」として知られており、2008年4月に森林セラピー基地に認定されています。河村文夫町長の強いリーダーシップの元、全国の森林セラピー基地を代表する活動を展開しています。

以下に、森林セラピープログラムの一例を示します。

一般的な森林セラピープログラムに加え、星空観察、瞑想、ヨガ、そば打ち体験、陶芸体験などの質の高いプログラムが用意されています。

1日目
10:30　森林セラピー（散策・巨木との触れあい）とティータイム
12:30　そば打ち体験
13:45　陶芸体験
19:30　星空観察
〈宿泊〉
2日目
09:50　森林セラピー（瞑想）
10:50　森林セラピー（ヨガ）
12:30　森林セラピーとティータイム

鳥取県智頭町

智頭町は2010年4月に森林セラピー基地に認定されており、全面積の90％以上が森林という「森林の町」です。智頭町の特徴は、寺谷誠一郎町長の強力なリーダーシップのもと、サイエンスと森林セラピーの融合に基づいた森林セラピーの推進と地域活性化を図っていることです。我々との共同研究においても3報の論文が学術誌に掲載されており、その一例については、152〜153ページをご覧ください。

1泊2日あるいは2泊3日の森林セラピーを活用した企業研修プログラムを積極的に導入しています。

北海道津別町
（ノンノの森ネイチャーセンター）

北海道の豊かな自然をベースとし、四季の変化を取り入れた様々なプログラムを用意している点に特徴があります。五感を刺激する一般的な森林セラピーに加えて、冬はスノーシュー森林セラピー、夜は星空ツアー、ホタル観賞、朝は雲海ツアー等の様々なプログラムが実施されています。蒸留器を使った葉の香り抽出や音楽家による森の音楽会なども企画されています。
以下に1泊2日のプログラム例を紹介します。

1日目
16:00〜18:00　森林セラピー
20:30〜21:50　森のホタル鑑賞ツアーあるいは星空ガイドツアー

〈宿泊〉
2日目
06:00〜07:30　津別峠雲海ツアー
10:30〜12:00　森のアロマセラピー
13:30〜14:30　森のコンサート

注意深く歩いてください

森林浴は、2時間以上、穏やかなペースで森を歩くことが基本です。電話を切っておくことは、あなたがまわりの環境に溶け込みやすくしますし、今から森林浴に入ることを意味します。逍遙（しょうよう）というフレーズは、「ぶらぶら歩くに過ぎない」という意味で、日常的に、そうすることは、めったにありませんが、目的がある場合と比較して、どちらが有益なのでしょうか。

地面に接触するとき、足に集中してください。あなたが一歩、歩くとき、それに続くすべての筋肉がどのように動くのか感じてください。歩くために足を地面から上げたとき、どの筋肉が働きますか？ 腕と足は同期していますか？

歩くとき、どのように感じますか？ うずいたり痛んだりする所はありませんか？

気分はどうですか？ 幸せな感じを持っていますか？ あるいは忙しさによる気がかりな感じを持っていますか？ 自身の心の観察者になり、それらを受け入れ、前に進んでください。

あなたができるだけ多くのものに気がつくことができるように、静かに歩いてください[78]。

五感を使って

五感を使った森林浴法の一例を以下に記します。

電話を切ってください。自然が五感を通して心と体を鎮めてくれます。

木の色と形と動きのすべてを見てください。葉と幹を近くで見てください。上にある枝を通して、空を見上げてください。

春に目覚める大地、秋に土に帰る葉など、あなたの周りの自然のすべての香りを取り込んでください。さわやかな冬の香り、熟したベリーで満ちた晩夏の暖かい午後の香りなど。

鳥のさえずり、木々を渡る風音、足下の木の葉の音など、自然のサウンドを聞いてください。

木々のすべての質感に触れ、小川の水の冷たさを感じてください。木を抱くと、自然と繋がっているという感覚を覚えます。

ピクニックをして、1杯のお茶を飲んだときなど、屋外での飲食は本当においしく感じられます。しばらくの間、自然と一体化し、楽しんでください。

瞑想

自然の中で瞑想することは、あなたにポジティブな影響をもたらす1つの方法です。

瞑想とマインドフルネスは、今という瞬間に意識と注意を集中することによって、心を鎮静化する優れた方法です。瞑想の効果を得るためには、心を空にする必要はありません。『観心覚夢抄(かんじんかくむしょう)』の考え方です。自分の心を観察し、迷ったり、誤っていることに気づいたときに正しい道に戻してください。

シンプルな瞑想法

以下に、簡単な瞑想法の一例を示します。

1 座るための快適な場所を見つけてください。

2 あなたの目を閉じるか、およそ1m先の地面に視線を向けてください。

3 呼吸に注意を払って2〜3分、過ごしてください。鼻呼吸で、自然に息の出し入れをしてください。

4 まず、あなたの足の裏に注意を払い、完全なリラックス状態をイメージしてください。あなたの足首とふくらはぎから、徐々にリラックスしてください。体のすべての場所をチェックし、緊張しているすべての筋肉と部位をリラックスさせてください。

5 あなたの意識が頭の先に届いたとき、意識を呼吸に戻し、静かに吸い、静かにはいてください。自然を吸い込むというイメージです。呼吸とともに、残っている緊張をはきだしてください。

6 あなたが望む間は、呼吸による瞑想を続けてください。あなたの意識を戻す準備ができたら、5つ数えてください。目を閉じている場合は、静かに開けてください。

ストレッチ

私たちは、元々体に設計されているよりも、座っている時が長い人生を送ります。ストレッチは、体を動かすための優れた穏やかな方法です。自然の中にいるということは、体と心が活動しているということです。ストレッチは、心の中の思考の集中よりも、体に意識を向けさせます。あなたの体を自然な状態に戻すのです。

胸を開く

あなたの頭の後ろで手を組んでください。肘を後ろに引いて、頭を手に押し付け、呼吸し、胸が上がるのを感じてください。息をはいて、楽にしてください。スムーズにゆっくりと深く呼吸しながら、好きなだけ繰り返してください。

立ちながらのヒップストレッチ

左の足首を右の太ももにクロスさせ、可能ならば、ヒップのストレッチを強めるために、右足を曲げてください。バランスを保つために、前に手を伸ばしてください。あるいはサポートのため、近くの樹木を使ってください。あなたの前の地面に視線を合わせ、スムーズに深く呼吸してください。30〜60秒間、その姿勢を保ち、反対の足で繰り返します。

太もものストレッチ

右手で右足または足首をつかんで、穏やかにかかとをお尻の方へ引っ張ってください。右のヒップのストレッチを強めるために力を加えてください30～60秒間、その姿勢を保ち、反対の足で繰り返します。

太もも裏のストレッチ

左足を曲げ、右足を前に伸ばします。ストレッチを強めるために、背中を伸ばし、胸を持ち上げ、前に倒し、ヒップをひねります。30～60秒間、深く呼吸し、楽にしてください。反対の足で繰り返してください。

脇腹のストレッチ

肩幅の広さで立ち、頭に両方の手の平を置きます。息を吸い込み、脊柱をのばすために手で伸びをします。息をはくときに右側に倒し、胸は張ったままヒップを少し左に動かします。息を吸うときにストレッチを緩めます。呼吸とともにゆっくり動いて、4～5回繰り返します。反対側でも繰り返してください。

星を眺めてください

あなたが夜、安全に森を歩けるならば、多くの経験が、あなたの感覚を刺激するでしょう。星を眺めるということは、最も注目される経験の１つです。

月は満ち欠けを通して、私たちに自然のリズムを教え、星は物事を全体として見る目を提供してくれます。

カリフォルニア大学アーバイン校の研究者らによると、畏怖の感覚は、私たちの心から個人的な問題を取り除き、他者との連携や関係の強化を促進します。

マットやハンモックで横になって、空を眺め、流れ星を探してください。寒い夜なら、快適でリラックスした状態を保つため、心地よい毛布を使ってください。

呼吸してください

単純な呼吸法を使って、星を見つめている間、森の空気を
吸収しましょう。

均等呼吸　鼻で呼吸し、4つ数える間、吸入し、4つ数える
間、はきます。この方法で、5分間、呼吸してください。カ
ウント数を4つ以上に増やすことができるならば、そうし
てください。

腹式呼吸　片手を腹部に置き、片手を胸部に置いてくださ
い。あなたの腹部に鼻から空気を吸い込んでください。そ
の後、ゆっくりと鼻から静かに息をはきます。最長、10分
間までとして続けてください。

「太陽の光が木々に流れ込むように、自然の静けさが
あなたの中に流れ込むのを受け入れてください」

ジョン・ミューア

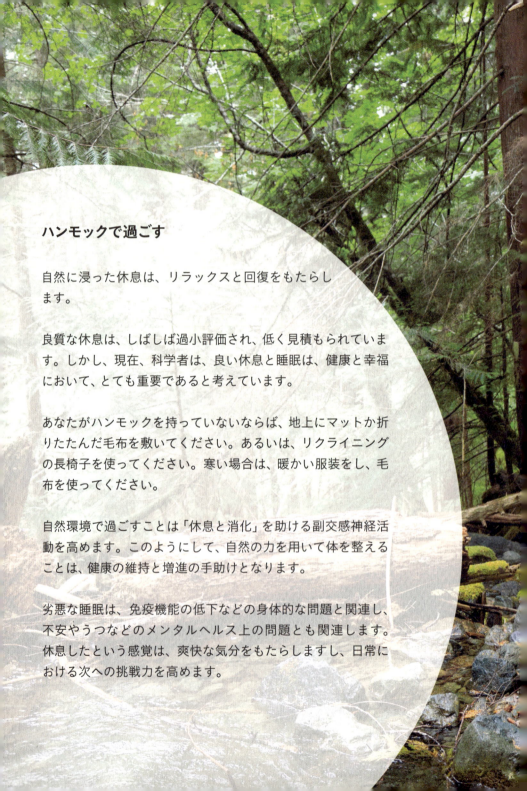

ハンモックで過ごす

自然に浸った休息は、リラックスと回復をもたらします。

良質な休息は、しばしば過小評価され、低く見積もられています。しかし、現在、科学者は、良い休息と睡眠は、健康と幸福において、とても重要であると考えています。

あなたがハンモックを持っていないならば、地上にマットか折りたたんだ毛布を敷いてください。あるいは、リクライニングの長椅子を使ってください。寒い場合は、暖かい服装をし、毛布を使ってください。

自然環境で過ごすことは「休息と消化」を助ける副交感神経活動を高めます。このようにして、自然の力を用いて体を整えることは、健康の維持と増進の手助けとなります。

劣悪な睡眠は、免疫機能の低下などの身体的な問題と関連し、不安やうつなどのメンタルヘルス上の問題とも関連します。休息したという感覚は、爽快な気分をもたらしますし、日常における次への挑戦力を高めます。

学んでください

自然は、遊びと教育の優れた場所となります。木登りによって高められる身体的敏捷性や柔軟性、キャンプ作りの創造性、木々、鳥、蝶の名前の学習などを通して、森は子供たちが成長するための多くの手段を提供します。

> 「自然を深く観察すれば、すべてをよりよく理解できるだろう」
> アルベルト・アインシュタイン

自然環境で過ごした子供たちは、自信、問題解決力、運動技能や学びの力の高まりを経験します。

自然は、大人になってもリラクゼーションの源となり続けますので、自然に対する理解を発展させることは、その人の生活をポジティブにします。

子供も、今日の現代社会の影響を感じており、若者におけるうつ病とストレス状態の割合は急速に増えています。勉学へのプレッシャーやスマートフォンのようなテクノロジーの発展が子供たちを疲弊させています。自然の中で過ごす時間は、大人同様、子供たちにとって貴重なのです。

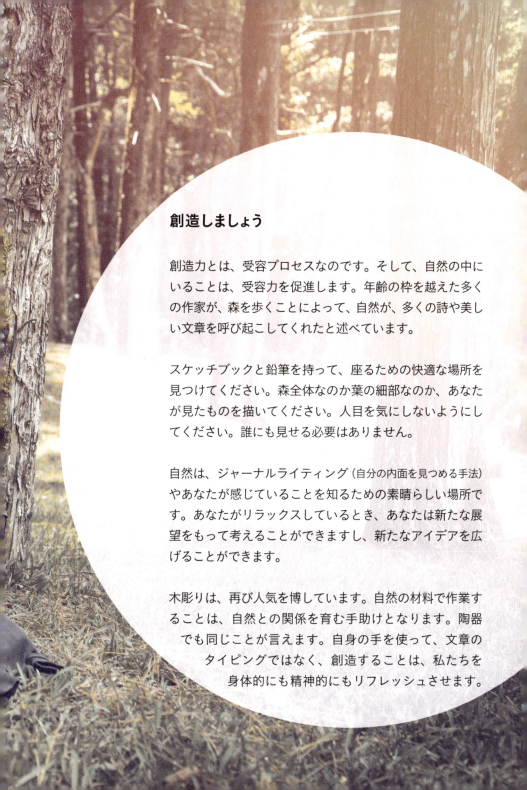

創造しましょう

創造力とは、受容プロセスなのです。そして、自然の中にいることは、受容力を促進します。年齢の枠を越えた多くの作家が、森を歩くことによって、自然が、多くの詩や美しい文章を呼び起こしてくれたと述べています。

スケッチブックと鉛筆を持って、座るための快適な場所を見つけてください。森全体なのか葉の細部なのか、あなたが見たものを描いてください。人目を気にしないようにしてください。誰にも見せる必要はありません。

自然は、ジャーナルライティング（自分の内面を見つめる手法）やあなたが感じていることを知るための素晴らしい場所です。あなたがリラックスしているとき、あなたは新たな展望をもって考えることができますし、新たなアイデアを広げることができます。

木彫りは、再び人気を博しています。自然の材料で作業することは、自然との関係を育む手助けとなります。陶器でも同じことが言えます。自身の手を使って、文章のタイピングではなく、創造することは、私たちを身体的にも精神的にもリフレッシュさせます。

木漏れ日

太陽光が木々を
透過するときに
生じる
光と葉の共鳴

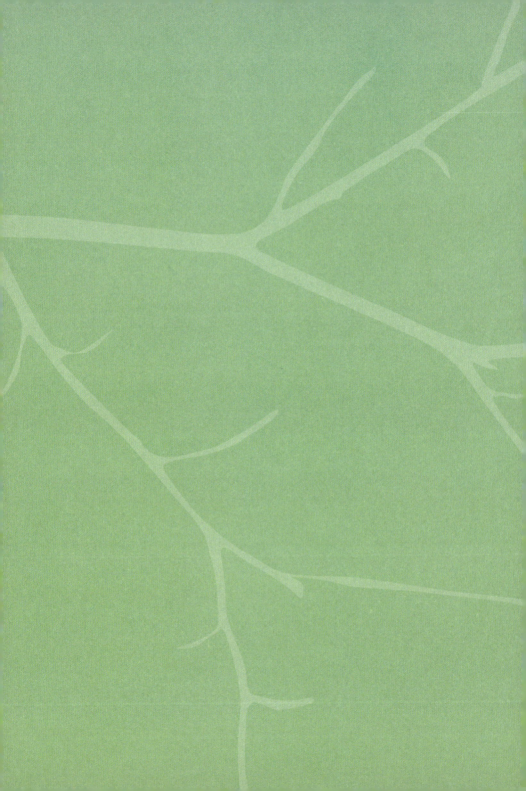

第4章

——

森林を
もっと身近に

私たち全員が、森林浴の恩恵を享受することができる森林に、定期的にアクセスできるわけではありません。健康や幸福を増進する自然の素晴らしいリラックス効果に関する知識をどのように使えば良いのでしょうか？

多くの都市と市街地には、それが地域の公園だったり、空き地だったり、運河のそばの草の生えた小道だったりするのですが、自然は残っています。植物が生育している場所は、そこで過ごしている人にリラックス効果を提供します。今、都市の自然に関心が高まっていますので、そのような場所を歩いたり探したりする趣味の団体があるかもしれません。

しかし、緑地を見つけることは、必ずしも必要でありません。自分自身のための時間を取るには、あまりに忙しいという現実があります。私たちは、どのようにして、多くの時間を過ごす自宅や職場に、自然によるストレス緩和効果を持ち込んだら良いのでしょうか？

第5章で示すように、多くの自然関連要素は、森林浴と同様の効果を持ちます。木製品、観葉植物、生花をはじめ、植物由来の精油も効果を持っています。この章では、あなたが、家の中に森林を持ち込み、日常的に自然のリラックス効果を楽しむためのアイデアを紹介します。

都市の自然

現在、世界の人口の半分以上が都市に住んでおり、2050年までに3分の2に達すると予想されています。

自然は、私たちが生活したり働いたりする都市を持続可能で健康的な場所とするために、重要な役割を果たしています。例えば、シンガポールでは、都市部の緑の面積はほぼ30％ですが、さらに増やそうとしており、2030年までに、公園の400m以内に生活する住人は85％となります。緑の面積が20％を越える都市としては、バンクーバー、サクラメント、フランクフルト、ジュネーブ、アムステルダム、シアトルが挙げられます。

すべての都市計画者は、自然の重要性に気づいています。一度自然が捨てられた都市空間を変えた多くの刺激的な計画があります。例えば、ニューヨーク市のハイラインは、今では、都市における人気スポットとなっています。ソウルには、使用されていないハイウェイに24000本の植物を植えたソウルスカイガーデンもあります。ミュンヘンの英国式庭園には、都市居住者が泳げるEisbach（ドイツ語で「氷の小川」）と呼ばれる短い人工の川があります。

同様に、ロンドンのハムステッド・ヒースの水泳池は、18世紀前半からロンドン市民に自然と水泳のオアシスを提供してきました。明らかに「満杯である」都市に、例えば、バルセロナ中心街における屋根と地上庭園のネットワークのように、緑の回廊をつくる革新的な計画が立てられています。

どれくらいの人々が、これらの緑地に座ったり、昼食を取ったり、休憩したり、運動したりしているのか、暖かい日に都市公園で見てください。第5章の実験結果が示唆するように、都市公園を歩くと心身ともにリラックスします。それは、ある面、常識なのですが、居住者の生理面、精神面に対する科学的データが、今、重要なのです。

ニューヨークのハイラインは、マンハッタンのウエストサイド線という廃線となった支線の高架に建設され、今では、街の最も人気のある場所の1つとなっています。

自然と建築

都市生活と自然を統合させた設計と建物に関する刺激的な例があります。植物による「緑の壁」は、ごくわずかなスペースに多くの植物を組み入れられます。そして、人と環境への貢献だけでなく、建物に素晴らしい美を提供します。また、屋上庭園は、都市に緑地をつくる機会を増やします。会社員は、無味乾燥な人工的な環境にいることが多いのですが、彼らが、簡単に屋上の自然にアクセスできることは、重要な意味を持ちます。

同様に、新しい学校を設計している建築家たちは、教育と自然をつなぐ方法を模索しています。子供たちのために、野菜の生長や食物の学習に関わる家庭菜園と校舎をつなぐ緑の回廊を作っています。

市民農園と都市農場

世界中に、果物と野菜の生育を行う市民農園があります。これらは、コミュニティをまとめて、人々の日常生活に自然を提供します。

ブルックリン・グレーンジ社は、ニューヨークに1ヘクタールの屋上農場を所有し、毎年、22650kgの生産品を地域のマーケットやレストランに卸しており、学生のためのワークショップも開催しています。また、都会の養蜂家ネットワークは、蜂が好む植物や花々を育てている庭師らと協力することにより、町や市を越えて広まっています。

韓国の首都にあるソウルスカイガーデンは、古くなった危険な高架に作られた新しい歩道です。

木材セラピー

私たちの研究は、私たちが木材を心地よいと感じた場合、生理的なリラックス効果をもたらすことを明らかにしました。家庭や職場において、木材は、家具、備品、外観等で使われており、見たり、触ったり、香りを嗅いだりできます。

木材は家庭内の様々な場所で使われており、木材パネル、梁、床、キッチンカウンター等の建築素材として人気があります。私たちの研究において、室内の木材がリラックス効果をもたらし、そのリラックス効果は、被験者が感じている快適感とリンクしていることがわかったのです。このメッセージは、あなたが木材を好きであれば、木材から恩恵を受けることができるということを意味しています。

塗装材と無塗装材

私たちは、木材に触ったときのリラックス効果は、表面塗装によって影響されることを明らかにしました。被験者は、目を閉じて手のひらで、キッチン等で使われるホワイトオーク材に90秒間接触しました。無塗装材の場合、脳活動が鎮静化し、副交感神経活動は高まり、心拍数は低下しました。体が生理的にリラックスしたことを示します。一方、ウレタン塗装やガラス塗装した場合には、これらの効果は低下しました[53]。

木材の香り

第5章において、ヒノキ天然乾燥材の香りが脳前頭前野活動を鎮

静化し、体にリラックス効果をもたらすことを示しました（172〜173ページ参照）。私は、脳は今の人工環境下において、過度に活動していると考えており、この鎮静化は、脳が本来のあるべき状態に戻っていると解釈しています。他の樹木由来の香りによっても、同様の効果が得られていますが、この効果は、その人が、その香りを好んでいる場合に生じるという点に注意が必要です。精油の使用例については、116ページをご参照ください。

生活に木材を導入しましょう

木材は、家庭や職場において、以下に示すような異なる場面を作るために役立つ材料です。しかし、あなたが好きな木材を選択することを忘れないでください。リラックス効果は、それを好きな場合に得られるのです。

- 自然の木の床は、素朴で現代的です。

- 木の羽目板は部屋の雰囲気を和らげます。生理的リラックス効果には、無垢の木材の使用が望ましいことがわかっています。

- 木のカウンターとキャビネットは、キッチンを暖かいと感じさせます。湿気から保護するために表面処理がされていても、視覚的な効果は得られるでしょう。

- 香りの観点からは、熱処理されていない天然乾燥材を選んでください。

- 木の家具は、様々なスタイルの装飾とフィットし、家庭または職場における木材率を増やす簡単な方法となります。

- 梁はできるだけ無塗装材とし、露出させてください。

- キッチンには、木のまな板、スプーン、ボウル等の用具を選んでください。

- あなたの家を小さな木彫りや木の装飾品で飾ってください

- 家屋内、浴室等に木材由来の精油を使ってください。

日本のヒノキ風呂

日本人が日頃から木材セラピーを楽しむためのポピュラーな方法は、ヒノキ風呂に入ることです。浴槽は、ヒノキ材で、お湯と接するとヒノキの芳香を醸し出し、精神的・生理的なリラックス効果をもたらします。リラックス効果をもたらす理由として、以下の3点が考えられます。

- ヒノキ材の芳香が脳前頭前野活動の鎮静化をもたらします[56]。私たちの体がリラックスすると解釈できます。
- ヒノキ材との接触は、脳前頭前野活動の鎮静化と副交感神経活動の上昇をもたらします[51]。これらは、私たちの体がリラックスした状態を示します。
- ヒノキ材を見たとき、ヒノキが好きな人は血圧が低下することが報告されています。ヒノキ風呂が好きな人は、ヒノキ材を見たとき、リラックスするでしょう。

サウナと木質樽浴槽

「サウナ」は、フィンランドで古くから行われている日常的な行為です。熱い石によって温められた木材壁の部屋に座り、強烈な暑さを楽しみます。フィンランドでは、サウナは「貧乏人の薬局」と言われており、スギ材が良く使われます。スギ材は、副交感神経活動を上昇させ、リラックス効果を示すα-ピネンを含んでいます（172〜173ページ参照）。

スイスでは、木材で作られた樽状の浴槽で温泉を楽しむ伝統的な方法があり、チューリッヒが有名です。

盆栽

盆栽は、中国発祥で1000年ほど前に日本に伝わったとされており、育てる技術は日本で発展しました。最初の矮樹は、自然界で見つかりました。中国の山中における岩の露出した厳しい土の欠如によって成長が阻害された植物だったと言われています。

今日、スギ、ヒノキからカエデ、イチジクに至るまで作られていますが、一緒に植えることにより、小規模景観ができあがります。盆栽は何世紀もの間生きて、年月とともに美しく、素晴らしくなります。

盆栽の伝統的な目的は、見る人の凝視と黙考です。そのためには、作成者の丁寧な作業と創意工夫が必要となります。第5章で示したように、単に座って見るだけでも、森林を歩いたときと同様のリラックス効果を得ることができるのです（166〜167ページ参照）。盆栽は、楽しく、有益な趣味であると同時に、わずかなスペースしか必要としません。盆栽の世話をするということは、手の中で作業に集中するという瞬間をもたらす意識的な行為なのです。あなたの日常生活に自然を持ってくることは、あなたが森に行くことを意味するのではありません。あなたが、小規模スケールで家の中にあなたの森を作ることなのです。

ガーデニングやフラワーアレンジメントも同様ですが、盆栽は、独創的な方法で自然と繋がります。自然が有するバランスと育て方を理解した上で、作り上げるのです。

盆栽を育てる

盆栽は、既に形作られているものを購入できます。あるいは、種や苗木を使ってゼロから育てることもできます。あなたがどの方法をとっても、あなたの盆栽には、刈り込みと成形等の通常の世話が必要です。魅力的で楽しい作業です。多くの室内植物のように、定期的な水やりと肥料が必要です。そして、たくさんの愛と注意深さを。

植物と花

私たちは、花や植物が、屋外でも、室内でも、自宅でも、職場でも、幸せをもたらしてくれることを直観的に理解し、研究もされています。実験の1つは第5章に示されており、観葉植物の前に座って見るだけで、生理的にも心理的にもリラックスすることが報告されています（164〜165ページ参照）。室内や屋外で、この効果を利用しましょう。

屋外スペース

幸運にも庭を持っている人たちは、そこでリラックスするか、メンテナンスのための作業をするかに関わらず、その効果を享受することができます。ガーデニングセラピーはますます人気を博しており、日本においては、植物の植え替え作業等の生理的リラックス効果に関する研究も行われています。

しかし、たとえ庭を持っていないとしても、バルコニーで鉢植え植物を育てたりすることは、小規模の庭仕事と言えるかもしれません。窓の外のプランターに観葉植物やハーブを置くこともできます。植物と過ごす時間は、あなたに健康と幸福をもたらすでしょう。

室内に自然を

観葉植物は心身をリラックスさせます(164〜165ページ参照)。できるだけ、ご自宅の多くの部屋に植物を持ち込んでください。観葉植物やカラフルな花からサボテンや平坦な多肉植物まで、たくさんの種類があります。

あなたの家に植物を選ぶとき、そこで力強く育ち、魅力的であり続ける植物を選択してください。温度、照度、湿度ならびに、あなたが世話できる時間を考慮する必要があります。枯れかけた植物が、元気な植物と同じリラックス効果をもつことはありません。

どのようにして、あなたの生活を植物で満たしましょうか?

観葉植物は多ければ多いほど楽しいものです。置き場所の確保に工夫を凝らしましょう。

- 食卓の中央に置かれた植物は、近くで観賞する機会を与えてくれます。
- 大きなインパクトを得るにはサイズの異なる植物を集めてください。家に多くの植物があることになり、まとまりのあるデザインをつくります。
- スペースが不足するなら、テラリウムで小さな植物を育てることも検討してください。均一な温度と湿気は、有益な生育条件を提供します。
- 床等に十分なスペースがなければ、天井から小さな鉢を使って、植物を垂らすハンギングディスプレイを作ってください。
- つる植物で、スペースを確保することもできます。壁に這わせたり、鉢に支持柱を立てて育ててください。
- 多くの鉢植植物は種から大きくすることができます。これは、費用をかけることなく家を植物で満たす良い方法です。
- 窓台は、多くの植物が好む明るい条件を提供します。しかし、南向の場合は太陽を好む植物を選んでください。
- 高さとインパクトを増すために台座に乗せてください。
- 職場に1つか2つの植物を持って行きましょう。リラックスするだけでなく、生産性が高まるかもしれません。

空気の清浄効果

鉢植植物は、リラックス効果を持つだけでなく、私たちが吸入する空気の清浄にも役立っているようです。1980年代にNASAの科学者チームは、「シックビルディング症候群」に取り組むためにClean Air Study（清浄空気研究）として知られる研究プログラムを始めました。この症候群は、十分な換気のない現代の建築物において、家具、カーペット、掃除道具等からの汚染物質が、人に対して頭痛、めまい、吐き気を起こすものです。

科学者たちは、鉢植植物が、空気からベンゼン、ホルムアルデヒド、トリクロロエチレンを除去できることを見つけました。この影響の一部は、土の中の微生物によるのかもしれませんが、異なる植物が異なる効果を持っていました。以下の10種の一般的な鉢植植物が空気浄化作用を持っています。

- アレカヤシ（*Chrysalidocarpus lutescens*）
- カンノンチク（*Rhapis excelsa*）
- バンブーパーム（*Chamaedorea seifrizii*）
- インドゴムノキ（*Ficus elastica*）
- ドラセナ・フラグランス（*Dracaena fragrans*）
- イングリッシュアイビー（*Hedera helix*）
- シンノウヤシ（*Phoenix roebelenii*）
- ショウナンゴムノキ（*Ficus binnendijkii 'Alii'*）
- ボストンタマシダ（*Nephrolepis exaltata 'Bostoniensis'*）
- スパティフィラム（*Spathiphyllum wallisii*）

生花のディスプレイ

第5章で示したように、生花の花束は、体をリラックスさせました（168〜169ページ参照）。毎週スーパーマーケットで廉価な花束を買って、食卓の上や職場の机の上に置くことは、難しいことではありません。それによって、定期的に花を楽しむことができます。私たちは香りのないピンクのバラを使って実験をしましたが[66-69]、他の花でも同じ効果が期待できそうです。花によって得られるリラックス効果は、あなたがどの程度、その花が好きであるかということと関係しています。ご自分の好きな花を選んでください。

私たちは、花の香りによって、リラックス効果が得られることも見つけました。香りも、大いに楽しんでください。

切り花はいくつかの点で室内植物より優れています。園芸の才を必要としませんし、わずかな世話で済みます。鉢植植物が育たない場所に花瓶を置くことができますし、きれいな水を保ち、少しの栄養分を加えることによって、数日間、素晴らしさを与えてくれます。枯れたときに取り替えれば良いのです。

精油
(エッセンシャル・オイル)

精油は、あなたの家に森林の恩恵を運んでくれる最も簡単で、効果的な方法の1つです。これらの天然芳香成分は、植物の種、葉、皮、茎、根や花にあります。精油により、植物は特徴的な香りを持ち、料理、美容、薬、リラックス法として長く使われてきました。私たちは、実験によって、バラやオレンジなどの精油が生理的リラックス効果を持つことを示しましたし（170～171ページ参照）、多くの樹木由来の精油が同じ効果をもつことが知られています。

どのように精油を使うのでしょうか？

以下にいくつかの使用例を示します。
- 家の香り用に、あなたの好きな精油を2～3滴、家庭用ディフューザーに入れてください。
- 水と混ぜた精油を家具、カーペットまたは布類にスプレーしてください。
- 適当量の精油を洗濯機や乾燥機に加えてください。
- 家庭内のクリーナーに使ってください。
- 皮膚の過敏性に注意して、マッサージオイルに加えてください。
- リラックス効果を高めるために、湯船に2～3滴加えてください。

樹木の精油

私たちは、樹木由来の香りがもたらす生理的リラックス効果について、研究を重ねてきました。その結果、血圧の低下、リラックス時に高まる副交感神経活動の上昇、脳前頭前野活動の鎮静化を明らかにしました。具体的には、ヒノキ材の香り[56]、ヒノキ葉の香り[57]、タイワンヒノキ材の香り[49]やヒバ材の香りなどです。この効果は、私たちが、その香りを好きなときに観察され、その香りを嫌いなときには効果はありません。

私たちの研究結果から、あなたの好きな植物の香りを選んだときに、その恩恵を受けることができることがわかります。

スギ

スギ材油の使用は、長い歴史を持っています。そのウッディな香りは心身を落ち着かせ、リラックス効果をもたらすと考えられており、基本的な香りとして用いられています。

植物の説明

ここで示すスギ材油は、北アメリカ東部に分布している針葉常緑樹のエンピツビャクシン（*Juniperus virginiana*）を指します。高地に育ち、樹高は30mになります。

スギ材油の化学

セスキテルペンと呼ばれる化学物質を含みます。セスキテルペンを含む精油は、経験的に感情のバランスをとると言われています。

用途と効用

ここでは、いくつかの使用例を示します。

- 自分自身を落ち着かせ、リラックスした環境をつくるために、長い1日の終わりに3〜4滴をディフューザーに入れてください。
- 運動を改善するために、トレーニングの前に1〜2滴、胸部に使用してください。
- ストレスを感じたとき、気分を鎮めるために吸入してください。
- 良い感情状態を促進するため、自宅、職場で使用してください。

ベイマツ

新鮮でウッディな香りをもつベイマツ油は、ポジティブな感情を促進し、集中力を高めると信じられています。皮膚や気道に用いられています。

植物の説明

ベイマツ（*Pseudotsuga menziesii*）は、北米に分布する常緑の針葉樹で、クリスマス・ツリーとして使われます。甘くてさわやかな油は、レモンの香りがします。

ベイマツの化学

β-ピネンが豊富で、気道に用いられます。α-ピネンも含んでおり、その香りの単独吸入は生理的リラックス効果を持つことが報告されています（173ページ参照）。

用途と効用

ここでは、いくつかの使用例を示します。

- オレンジ、レモン、ベルガモット油と組み合わせて使用し、気分を改善してください。
- 皮膚の洗浄用として、ボディーソープ等に加えてください。気分の改善効果もあるかもしれません。
- 手に2～3滴すりこんでください。鼻が詰まっているときは、深く吸い込んでください。
- リラックス用マッサージのために1～2滴のベイマツ油を冬緑油と一緒に使ってください。皮膚の過敏性を減じるために少量のココナッツオイルで薄めてください。

ユーカリ

樟脳のような、ミントのような香りを持つユーカリは緊張を抑えるために使われます。また、皮膚や気道に対して有用であることが知られています。

植物の説明

高さ20mになるオーストラリア原産の常緑木です。

ユーカリの化学

主成分はユーカリプトール（シネオール）とα-テルピネオールです。これらは、気道に作用し、呼吸を楽にします。また、リラックス効果を持つと考えられており、マッサージオイルとして利用されています。

用途と効用

ここでは、いくつかの使用例を示します。

- スプレーボトル中の水に2～3滴落とし、お好みによってレモン油やペパーミント油を合わせて、台所や風呂場を拭いてください。
- シャワーを浴びているときに、手に2～3滴垂らし、深呼吸して活気感を高めてください。
- 部屋を香らすために3～4滴をディフューザーで使ってください。
- 1～2滴をココナッツオイルで薄め、リラックス用マッサージ用として使ってください。

ヒバ

強いウッディな香りを持つヒバ油は、抗菌性と昆虫に対する忌避効果を持っていることが知られており、昔から使用されています。私たちの研究においても、リラックス効果をもつことがわかっています。

植物の説明

ヒバ（*Thujopsis dolabrata*）は日本原産の針葉樹で、アスナロとしても知られています。庭や寺院の近くに、よく植えられています。

ヒバの化学

ツヨプセン、ヒノキチオール、β-ドラブリンの3主要成分が知られています。ヒノキチオールは、抗菌作用や抗炎症作用を持つことが知られています。

用途と効用

ここでは、いくつかの使用例を示します。

- 気分改善のために湯船に3〜4滴使用してください。
- 嫌な臭いを防ぐ防臭・芳香剤として、さらにはストレス緩和のために、家庭、オフィス、車中で使ってください。
- スプレーボトルに数滴加えて、虫除け等のために家庭内で使ってください。

シベリアモミ

そのさわやかで、松のような、わずかにバルサミコの香りがするシベリアモミは感情のバランスをとり、不安を鎮めると言われており、経験的にリラックス効果を持つことが知られています。

植物の説明

シベリアモミ (*Abies sibirica*) は、ロシアとカナダ原産の常緑針葉樹です。とても丈夫で、マイナス50℃でも生存します。

シベリアモミの化学

高濃度のボルニルアセテートを含み、この成分は経験的にリラックス効果を持つと言われています。

用途と効用

ここでは、いくつかの使用例を示します。

- マッサージオイルに数滴加えてください。皮膚の鎮静化とリラックス効果を求めて行われます。
- 呼吸を楽にするために、3～4滴をディフューザーに加えてください。
- 自宅や職場におけるストレス軽減のために使いましょう。2～3滴を手の掌にすりこんで、深く吸い込んでください。

深林の逍遥

力を刻む木匠の
うちふる斧のあとを絶え
春の草花彫刻の
鑿の韻もとゞめじな
いろさまざまの春の葉に
青一筆の痕もなく
千枝にわかるゝ赤樟も
おのづからなるすがたのみ

檜（ひのき）は荒し杉直し
五葉は黒し椎（しひ）の木の
枝をまじゆる白樫（しらかし）や
樗（あふち）は茎をよこたえて
枝と枝とにもゆる火の
なかにやさしき若楓（わかかへで）

島崎藤村

第5章

——

自然セラピーの
科学的背景

人の体は自然対応用にできているため、自然環境に対して、無意識にシンクロナイズします。意識することなく、快適な状態となり、生理的リラックス効果がもたらされます。この現象は、既に経験的には知られていますが、サイエンスとしてのデータ蓄積は不十分です。これは、各種の生理的評価手法が確立されていなかったことに大きな要因があり、最近まで、リラックス効果に関する評価は質問紙法を中心に行われてきました。

一方、ここ15年程度で、既にお示ししたように急速に生理的評価システムが確立されつつあり、新規データが提出されはじめました。本章においては、生理的評価法を示した後、代表的な自然セラピーである「森林セラピー」、「公園セラピー」、「木材セラピー」、「園芸セラピー」における「研究の最前線」を紹介します。

どのようにストレスを測るのでしょうか?

自然のリラックス効果を測るために、体がどれくらいストレスを感じているのか、リラックスしているのか、正確に測る必要があります。人のストレス・リラックス状態を測定するためには4本の柱があります。
それらは以下の通りです。

- 脳活動を測ることによって－リラックス状態が高まると前額部の脳前頭前野活動は低下します。
- 自律神経活動を測ることによって －リラックス状態において、副交感神経活動は高まり、交感神経活動は低下します。
- 唾液中のストレスマーカーを測ることによって－ストレス状態において、コルチゾール等のストレスホルモン濃度が上昇します。
- 免疫活動を測ることによって－ストレス状態において、ナチュラルキラー（NK）細胞活性は低下します。

脳活動計測

リラックス状態において、脳前頭前野活動は鎮静化します。脳は活動すると酸素を必要とするため、酸素化ヘモグロビンを多く含んだ動脈血がその部位に供給され、酸素化ヘモグロビン濃度が高まります。酸素化ヘモグロビン濃度を計測することにより、脳活動を計測できるのです。

自然セラピー研究における脳活動計測に関する有力な計測手法は、近赤外分光法（near infrared spectroscopy : NIRS）です。額から脳内に赤っぽい近赤外光を照射し、血液中のヘモグロビンによる吸収の程度を測ることによって、ヘモグロビン濃度を測定することができます。酸素化ヘモグロビン濃度を計測することによって、脳のその部位の活動状態を計測できるという仕組みです。

森林の中を歩くなどのフィールド実験で使用される小型で軽量な携帯型 NIRS も開発されています。左右前額部にセンサーを装着することによって行いますが、装着は左右合わせて 10 秒程度で終了し、被験者への負担が少ないのが特徴です。

脳活動においては、近赤外時間分解分光法（Time-Resolved Spectroscopy: TRS）も用いられます。この計測法は、脳前頭前野における脳活動の絶対値計測が可能であるという大きな利点を持ちます。一般の近赤外分光法、脳波、ファンクショナル MRI（f-MRI）などの脳計測法では、絶対値計測ができません。そのため、一旦センサーを外すと、次の測定時との比較ができないのです。比較ができないため、日・週単位の経時的な計測ができないという大きな問題点がありましたが、絶対値計測が可能な本計測法によって、長期間の経時的変化を計測することが可能となりました。

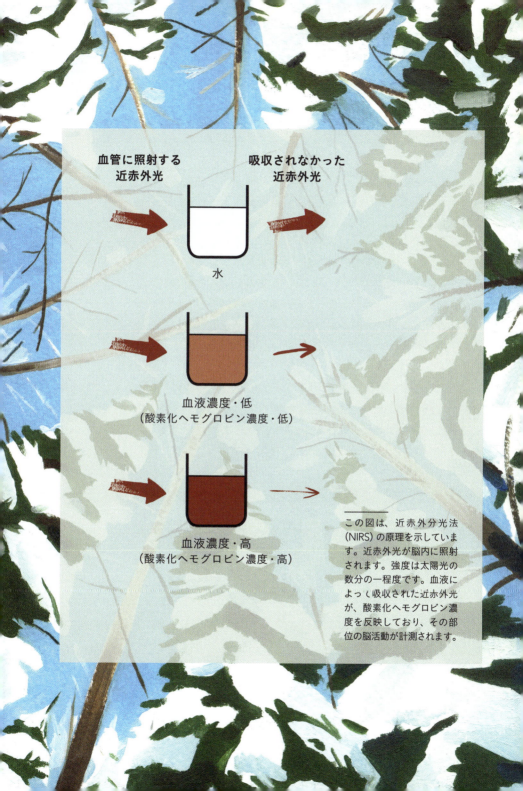

自律神経活動計測

人は、リラックス時には副交感神経活動が高まり、ストレス時には交感神経活動が高まることが知られています。そのため、人のリラックス状態とストレス状態をこの計測によって計ることができるのです。

心臓は規則正しく脈を打っているように思われていますが、実際は1拍毎の時間間隔に揺らぎ（変動性）があります。この心拍の変動性を周波数解析することによって、副交感神経活動と交感神経活動に分けて絶対値計測することができるようになりました。これは、心拍変動性（Heart rate variability: HRV）と呼ばれ、リラックス状態とストレス状態を鋭敏に計測することができます。

指先の末梢動脈を用いても心拍変動性計測が可能です。指尖加速度脈波の脈波間隔は、心拍間隔と高い相関を持つことが知られています。このシステムでは、指先を機器の上に置くだけで簡易に計測できます。

これまで、自律神経活動計測においては、心拍数や血圧の計測が行われてきましたが、これらは、副交感神経活動と交感神経活動が合わさった結果として計測されるため、両活動を分けて評価することはできませんでした。心拍変動性計測は、両活動を分け、さらに、鋭敏に計測できるという利点を持っています。自然セラピー研究においては、主として、心拍変動性、心拍数、血圧の3者の計測を実施しています。

唾液中ストレスマーカー計測

コルチゾールは、ストレス時に副腎皮質から分泌されるホルモンです。コルチゾール濃度は唾液を用いて計測することが可能であり、ストレス状態の良い指標となっています。

α-アミラーゼは唾液と膵液に存在し、食物として摂取されたデンプンをオリゴ糖類にまで分解する酵素ですが、交感神経活動を反映する指標であることも知られています。

両物質ともにストレス指標であり、室内実験においてもフィールド実験においても唾液を用いて計測することができます。しかし、計測においては、注意が必要です。唾液中コルチゾール濃度には、大きな日内変動があり、異なる日の比較においては、同時刻の唾液摂取が必要です。一方、唾液中アミラーゼ計測は、酵素反応を利用しているため、温度の低下に伴いその計測値が低下します。フィールドにおいて実施されることが多いのですが、計測時の温度条件は一定にする必要があります。

免疫機能計測

ナチュラルキラー（NK）細胞はリンパ球の一種で、免疫系において重要な役割を果たす白血球です。NK細胞は、腫瘍細胞の抑制、感染症の防止などの役割を果たし、その活性はストレス状態・リラックス状態と強い関連があることが知られています。ストレス状態においては、NK細胞活性は低下し、腫瘍細胞の抑制や感染症の防止力も低下することが知られています。

ストレス状態による免疫機能の低下はよくみられる現象です。そのような被験者の自然セラピーによる免疫機能改善効果を解明する場合には、NK細胞は良い指標となります。しかし、血液を使わなくてはならないという大きな問題点があります。

フィールドと室内での実験

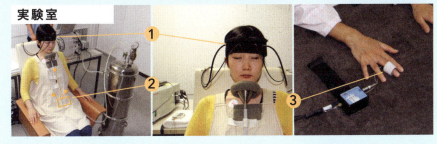

1. 脳前頭前野活動計測センサー
2. 心拍数と心拍変動性計測装置（自律神経活動計測用）
3. 血圧
4. コルチゾール濃度計測用唾液採取

実験風景

上記の写真はフィールド実験（森林部と都市部）と室内実験を示します。
フィールド実験において使用される機器類としては、被験者が移動するため、軽量の携帯型機器が用いられます。

森林セラピー研究

千葉大学環境健康フィールド科学センターと森林総合研究所による実験チームは、2005年から2017年まで、様々な森林において、森林セラピーがもたらす生理的・心理的影響を調べました。

最初に、本研究を始めるにあたり、先行研究例を探しました。しかし、世界的にも、森林のもたらす生理的効果について、参考にできる研究例はなかったため、実験デザインを作成するところから始めました。2ヶ月間、いつも頭の中で繰り返し実験デザインを考え、仮想実験をしたことを覚えています。

まず、最初に考えなくてはならないのは、実験を実施する場所の設定でした。森林浴の効果を明らかにするには、森林部の設定も重要ですが、比較を行う必要があるため、私たちが普段生活している都市部を対照実験地としました。

実験 1：
森林セラピーには効果があるのでしょうか？

沖縄から北海道に至る全国63ヶ所の森林で、森林セラピー実験を行いました。本実験はそれぞれの地域を代表する特徴的な森林で行い、対照となる都市部実験は近隣都市の駅前広場や道路上にて、同じ実験スケジュールにて実施しました。

日本は南北に長く、特徴のある森林を持っており、森林はすべて異なります。実験実施にあたっては、実験場所の選定が重要となるため、本実験の2ヶ月前と2週間前に実験地を下見し、森林と都市における歩行コースや座観場所を確定しました。研究者と補助者を含め20人程度、被験者12人と合わせて32人程度が同時進行する実験デザインとなり、事前準備が実験成功のカギとなりました。

被験者は誰でしょうか？

756人の大学生（男子大学生684人、女子大学生72人）です。各実験地につき、12人のたばこは吸わず、薬も服用していない日本人大学生としました。各実験地において、6人は、1日目は森林部に行き、2日目は都市部へ行きました。他の6人は、1日目は都市部、2日目は森林部で実験し、実験チームも2チーム作って実施しました。

何を計ったのでしょうか？

被験者は午前中に15分間の歩行を行い、午後は15分間の座観を行いました。
実験中の計測は以下の通りです。

- 心拍変動性を用いた自律神経活動（134ページ参照）
- 脈拍数（134ページ参照）
- 血圧（134ページ参照）：収縮期（最高）血圧と拡張期（最低）血圧
- 唾液を用いたストレスマーカー（137ページ参照）：コルチゾール
- 質問紙を用いた主観評価

第5章 自然セラピーの科学的背景 143

被験者は、午前中、森林部あるいは都市部をゆっくり歩くように指示されました（左）。午後は座観実験を行い、翌日は、実験地を入れ替えて実施しました。

スケジュール

12人の被験者は前日に集合し、森林部と都市部の下見を行いました。人は初めて経験すると、驚いてしまい、予想外の生理的変化を生じることが多いので、実験前に下見を行い、実験スケジュールを理解してもらいました。下見の後、ホテルに入り、全員が同じ夕食を取り、その後、個室にて宿泊しました。

実験1日目は6時に起床し、朝食前に1）心拍変動性（交感・副交感神経活動）、2）脈拍数、3）血圧および4）唾液中コルチゾール濃度を計測しました。森林セラピー前の状態を把握したのです。その後、ホテルからバスで1〜2時間かけて、森林部あるいは都市部の控え室に移動しました。移動時間は共に同じになるように調整しました。2日目は、森林部に行ったグループは都市部に行き、都市部に行ったグループは森林部に行き、刺激順による影響がでないようにしました。人は、同じ刺激であっても、1回目と2回目では異なる反応をすることが知られているからです。

また、生理実験においては、すべての生理指標に日内変動があるため、測定時刻が重要です。そのため、歩行実験でも、座って眺める座観実験でも、森林部、都市部ともに1人ずつ同じ順番で実験を実施し、測定時刻が異ならないようにデザインしました。

第5章 自然セラピーの科学的背景　145

午前中は歩行実験を行いました。1人15分ずつ、森林部、都市部ともに同じ速度で歩き、運動量は同様としました。歩く前と歩いた後に脈拍数、血圧、唾液中コルチゾール濃度を計測し、歩行中は心拍変動性（交感・副交感神経活動）を1分ごとに計測しました。これにより、生理指標における差異は、森林部と都市部における環境の違いによって生じたと解釈できます。午後は15分間の座観実験を歩行と同じ手順で実施しました。

被験者は測定後、ホテルに戻り、同じ夕食を取ってから、個室にて早めに就寝しました。実験中の食事はすべて用意し、アルコールやお菓子等の副食は禁止しました。雨天の場合は、中止とし、実験を延長して実施しました。

これらの詳細な実験デザインにおいて、森林部と都市部における差があった場合、その差は、両者の環境がもたらした違いであると解釈しました。

結果

これらの実験を通して、私たちは、森林環境は、以下のリラックス効果をもたらすことを示しました[8-30]。

- （ストレス時に高まることが知られている）交感神経活動の低下
- （リラックス時に高まることが知られている）副交感神経活動の上昇
- 血圧の低下
- 脈拍数の低下
- ストレスホルモン・コルチゾールの濃度の低下

以上より、森林セラピーが私たちの体を生理的にリラックスさせることを明らかにしました。

質問紙による心理的な評価も、生理的評価と強い関係を持っていました。以下に示します。

- 快適感の高まり
- 鎮静感の高まり
- リフレッシュ感の高まり
- 感情状態の改善
- 不安感の低下

座観と歩行実験の結果

24ヶ所、計288人（平均21.7歳・取得データは
260〜264人）の結果を以下に示します[10]。
これらの数値は都市部と比較したものです。

	座観時	歩行時
唾液中コルチゾール濃度	↓13.4%低下	↓15.8%低下
脈拍数	↓6.0%低下	↓3.9%低下
収縮期血圧	↓1.7%低下	↓1.9%低下
拡張期血圧	↓1.6%低下	↓2.1%低下
副交感神経活動	↑56.0%上昇	↑102.0%上昇
交感神経活動	↓18.0%低下	↓19.4%低下

これらの結果は、森林滞在時
に体が生理的にリラックスし
ていることを示します。

148　第5章　自然セラピーの科学的背景

実験2：
脳活動計測 [9)]

近赤外時間分解分光法を用いた脳前頭前野活動の絶対値計測実験を実施しました（132〜133ページ参照）。実験デザインは基本的に、実験1と同じです。

被験者は誰でしょうか？

12人の男性（平均年齢22.8歳）です。

何を計ったのでしょうか？

男性被験者は実験前日から終了までホテルの個室に宿泊し、同じ食事を取りました。近赤外時間分解法による脳前頭前野活動は1日5回行いました。1回目は朝食前にホテルの会議室で行い、その後、森林群と都市群に分かれてバスにて移動しました。2、3回目は20分間の歩行の前後に行いました。4、5回目は20分の座観の前後に行いました。

結果

森林部における20分間の歩行および座観において、都市部に比べ、脳前頭前野活動が鎮静化し、生体が生理的にリラックスすることがわかりました。本データは、森林部において、都市部に比べて、脳前頭前野が鎮静化する、言ってみれば、脳もリラックスすることを示した世界で唯一のデータです。

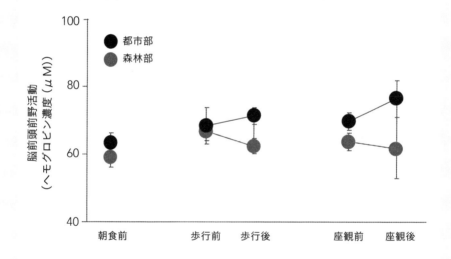

私たちが森林で過ごしたとき、体がリラックスすることを脳前頭前野活動の鎮静化計測から明らかにしました。

実験3：
高血圧の男性に対する森林セラピー効果 [15]

高血圧の男性を対象として、森林セラピープログラムを行い、その生理的効果を明らかにしました。10時30分から15時05分まで長野県上松町の森林で実施しました。

被験者は誰でしょうか？

9人の男性（平均年齢56歳）です。

何を計ったのでしょうか？

生理計測は、森林セラピープログラム終了後に以下の計測を行いました

- 血圧
- （ストレス状態で上昇する）尿中のストレスホルモン・アドレナリン
- （ストレス状態で上昇する）血中のストレスホルモン・コルチゾール

日常生活時との比較を行うため、実験前日の同時刻にも計測を行いました。

結果

日常生活時と比較した森林セラピー後の効果を以下に示します。

- 収縮期血圧は140.1 mmHgから123.9 mmHgに低下し、拡張期血圧は84.4 mmHgから76.6 mmHgに低下しました。
- ストレス時に高まる尿中アドレナリン濃度は低下しました。
- ストレス時に高まる血中コルチゾール濃度レベルも低下しました。

以上の結果から、数時間の森林セラピープログラムは、高血圧の男性に対して生理的リラックス効果をもたらすことが明らかとなりました。

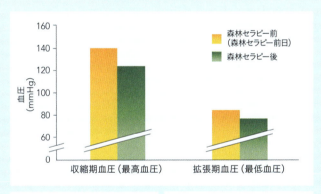

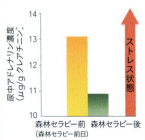

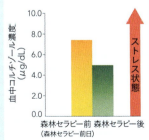

高血圧の男性における森林セラピーは、日常生活時と比べた場合、血圧（上段）、尿中アドレナリン濃度（下左）、血中コルチゾール濃度の低下をもたらします。

実験4：
社会人に対する森林セラピー効果 [13]

血圧の高い社会人を対象として、鳥取県智頭町での9時から15時30分までの森林セラピープログラムがもたらす生理的効果を調べました。

被験者は誰でしょうか？

26人の会社員（平均年齢35.7歳）です。

何を計ったのでしょうか？

測定指標は、収縮期血圧および拡張期血圧としました。朝食前、昼食前、夕食前に、以下の4回計測しました。

- 森林セラピー3日前（自宅あるいは社内）
- 森林セラピー当日
- 森林セラピー3日後（自宅あるいは社内）
- 森林セラピー5日後（自宅あるいは社内）

結果

元々血圧の高い9人の収縮期血圧の結果を示します。収縮期血圧と拡張期血圧は、3日前の日常勤務時に比べて、低下しました。この低下は、森林セラピープログラム後、3日から5日間継続しました。

夕食前における収縮期血圧は、3日前の計測時（133.8 mmHg）と比較し、森林セラピー時（116.6 mmHg）、3日後（126.4 mmHg）、5日後（124.0 mmHg）ともに低下していました。つまり、1日の仕事が終了する夕食前の計測において、森林セラピー後の職場でも、血圧の低下が5日間継続することが明らかとなったのです。拡張期血圧も同様の傾向を示しました。

この図は、森林の中に滞在した場合、高血圧の人の血圧は低下し、その低下は、数日間継続することを示しています。

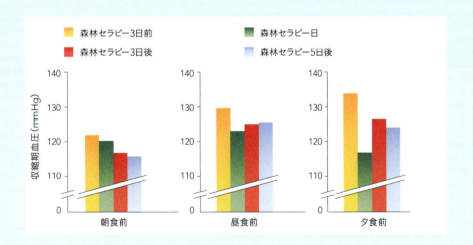

社会人のための
森林セラピープログラム[13)]

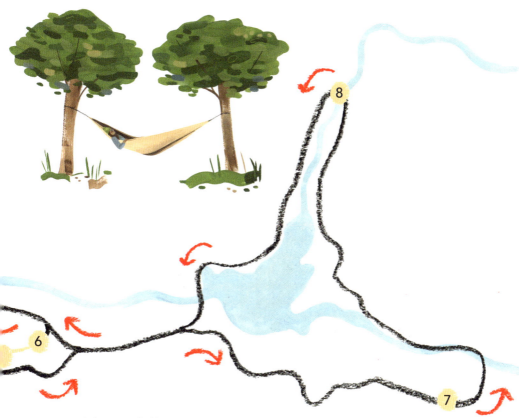

1. 目隠しして歩行
2. 深呼吸
3. 風景観賞
4. 心配事の洗い落とし
5. 座って休息
6. 後ろ向きに歩行
7. 昼食前の計測
8. 瞑想
9. ハンモック
10. 深呼吸
11. プログラム後の計測

このプランは、社会人のための森林セラピープログラムの一例を示します。約6時間30分のプログラムです。

実験5：
中高年女性に対する
森林セラピー効果[14]

中高年女性でも同じ効果があるのか調べるために、10時30分から15時まで森林内で活動する森林セラピープログラム実験を実施しました。場所は、長野県上松町の森林です。

被験者は誰でしょうか？

17人の中高年女性（40〜73歳、平均62.2歳）です。

何を計ったのでしょうか？

生理計測としては、森林セラピープログラム終了後に以下の計測を行いました。

- 血圧
- （ストレス時に高まる）唾液中ストレスホルモン・コルチゾール濃度
- 脈拍数

被験者の日常生活時と比較するため、前日の同時刻にも計測を行いました。

結果

代表的なストレスホルモンである唾液中コルチゾール濃度は、森林セラピー後には0.124μg/dLとなり、前日の同時刻における0.168μg/dLに比べ、26%低下することがわかりました。

脈拍数も、森林環境下における歩行によって、前日より低下しました。これは、生体がリラックス状態にあることを示しています。

以上より、数時間の森林セラピープログラムは、中高年女性に対して生理的リラックス効果をもたらすことが明らかとなりました。

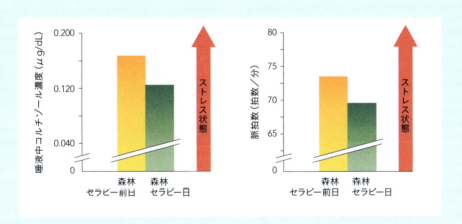

中高年女性のコルチゾール濃度と脈拍数は、森林セラピーによって低下しました。

中高年女性のための
森林セラピープログラム[14]

1. プログラムのスタート
2. 深呼吸
3. 寝ころび
4. 深呼吸
5. 寝ころび
6. 昼食と休憩
7. 森林セラピーの講義
8. 寝ころび

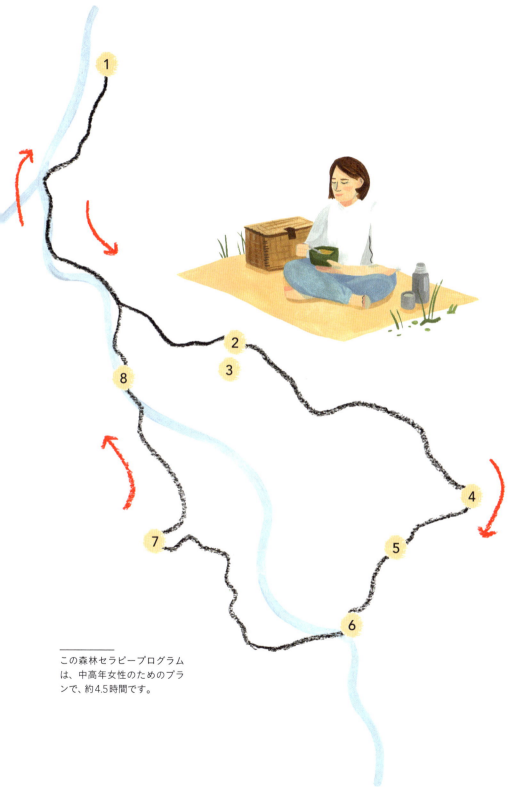

この森林セラピープログラムは、中高年女性のためのプランで、約4.5時間です。

森林セラピーは、免疫機能に影響を及ぼすのでしょうか?

森林セラピーは、ストレスレベルを減らすだけでなく、ナチュラルキラー（NK）細胞の増加による免疫機能の向上をもたらすことが報告されています。既に知られているように、NK細胞は体の防御システムの重要な部分を司っており、腫瘍細胞の抑制や感染症の防止などの役割を果たしています（138ページ参照）。Qing Li博士と共同研究者による以下の結果は、免疫機能の低下した社会人に、森林セラピーが有益な影響を及ぼすことを示しています。

最初の研究は、免疫機能の低下した37歳から55歳の12人の男性会社員で行われました。参加者は3日間の森林セラピーを行いました[28]。1日目は2.5時間の森林セラピーを行い、NK細胞活性は、森林セラピー3日前に比べて、1.25倍になっていました。2日目は1.5倍になっていました。この結果は、森林セラピーによる免疫機能の改善効果を明らかにしています。

女性看護士における同様の実験においても、森林セラピーは低下している免疫機能の改善効果を示しました[29]。

Qing Li博士と共同研究者は、森林セラピー後の継続的な効果についても研究しています[29, 30]。

実験終了後、職場に戻った後の1週間と1ヶ月後に計測が行われました。免疫機能は、1週間後には、男性被験者も女性被験者も高いレベルにあり、1ヶ月後においても、男性被験者は高いレベルを維持していました。

対照実験は、都市部で同じプログラムにて行われましたが、免疫機能改善効果はありませんでした[30]。

まとめ

- 森林セラピーは、男女の被験者において、低下していた免疫機能を改善しました。

- これらの効果は、少なくとも1週間続き、男性においては1ヶ月間継続しました。

- これらの免疫機能改善効果は、都市環境においてはありませんでした。

公園セラピー研究 [43-46]

公園は、都市における価値の高い自然であり、多くの人々が利用しています。多くの公園やグリーンスペースの必要性は、現代社会において増え続けています。

ほとんどの人たちは、公園にいると、リラックスすることを感じますが、科学的データの蓄積は極めて少ないのが現状です。このセクションでは、ストレス状態にある都市生活者に対して、公園が、森林と同様に、生理的リラックス効果をもつのかどうか調べました。

実験１：
公園歩行と都市部歩行の比較 [46]

都市公園を歩くことがもたらす生理的効果を明らかにすることを目的として、日本の代表的な都市緑地である新宿御苑にて実験しました。対照地は新宿駅周辺の都心部とし、平均気温および湿度は29〜30℃、66〜67％でした。

被験者は誰でしょうか？

18人の男子大学生です。都市部の公園と近辺の都心部を20分間歩きました。

何を計ったのでしょうか?

生理指標として心拍変動性（交感神経活動と副交感神経活動・134ページ参照）と心拍数を用い、主観評価として「快適感」、「鎮静感」、「自然感」を取りました。

結果

新宿御苑の歩行は、新宿駅周辺の歩行に比べて以下の効果を示しました。

- リラックス時に高まることが知られている副交感神経活動の高まり
- 心拍数の低下
- 「快適感」、「鎮静感」、「自然感」の高まり

つまり、新宿という東京の中心にある都市公園である新宿御苑は、そこを歩くことにより、実質的に私たちの体をリラックスさせる効果を持つことが示されました。

他の自然セラピー研究

実験1：
観賞植物 [61]

多くの人は家庭や職場に観賞植物があると快適な感じを持ちますが、他の自然由来の刺激と同様に生理的リラックス効果をもつのかどうか調べてみました。我々は、8cm間隔で置かれた3本の観葉植物（ドラセナ・高さ55〜60cm）を用いました。視覚刺激は3分間とし、対照実験は、植物なしとしました。

被験者は誰でしょうか？

85人の高校生（男子高校生41人、女子高校生44人・平均年齢16.5歳）です。

何を計ったのでしょうか？

被験者が植物を見ている間、心拍変動性を測定し、リラックス時に高まる副交感神経活動とストレス時に高まる交感神経活動を計測しました。脈拍数も計りました。

視覚刺激後に、質問紙を使って「快適感−不快感」、「リラックス感−ストレス感」「自然感−人工感」を調べました。

結果

観葉植物を見ることによって、対照に比べて、副交感神経活動が13.5%上昇し、交感神経活動が5.6%低下しました。主観評価においても、快適で、リラックスしており、自然であると感じられていました。

観賞植物が高校生に対して、生理的リラックス状態をもたらし、高校における観葉植物の設置が、高校生のストレスレベルを緩和する有効な手法となる可能性を示しました。

166　第5章　自然セラピーの科学的背景

実験2:
盆栽 [75)]

日本では、盆栽は、古くから日常生活の中に取り入れられてきた「自然」の1つです。自然景観を模して造形する点に特徴があり、最近では、代表的な日本文化として、海外でも注目を集めています。しかし、盆栽の視覚刺激が生理応答に与える影響を調査した研究は存在しません。そこで、盆栽をみることが、人のストレスレベルにもたらす影響を明らかにしたいと思いました。

被験者は誰でしょうか?

24人(平均49.0歳)の男性脊髄損傷者です。森林浴をフィールドで実施することが難しい車椅子利用の脊髄損傷者を被験者としました。

何を計ったのでしょうか?

樹齢10年のヒノキ8本を用いた寄せ植え盆栽とし、対照は盆栽なしとしました。被験者には、「盆栽」と「盆栽なし」をランダムに提示しました。近赤外分光法を用いて脳前頭前野の活動(132～133ページ参照)を計り、心拍変動性(134ページ参照)を用いて交感神経活動と副交感神経活動を計測しました。さらに、質問紙を用いて主観評価を調べました。

結果

盆栽視覚刺激は、対照と比べた場合、以下の結果をもたらしました。

- 脳前頭前野活動(左前頭前野における酸素化ヘモグロビン濃度)の鎮静化
- リラックス時に高まる副交感神経活動の上昇
- ストレス時に高まる交感神経活動の低下
- ポジティブな感情の高まり

つまり、盆栽を見るということは、脊髄損傷者に対して、生理的にも、心理的にもリラックス状態をもたらしました。脊髄損傷者は、うつ状態になることがありますが、森林を模した盆栽セラピーは、自宅における生理的リラックス状態や幸福感を改善する方法となる可能性があります。

実験3：
フラワーアレンジメント [66-69]

フラワーアレンジメントは、家庭、職場、公共の場等の日常生活空間に自然を提供する簡便な方法です。私たちは切り花が喜びをもたらすことを知っていますが、身体的な利益も提供してくれるのでしょうか？　私たちは、フラワーアレンジメントが、現代生活におけるストレス軽減に貢献するのかどうか、調べてみました。職場の生花は、ストレス状態にある会社員や高校生の手助けとなるのでしょうか？

バラの生花が人をリラックスさせるのかどうか調べました。視覚および嗅覚の複合刺激を避けるため、香りがないピンク色の品種を用いました。切り花の本数は30本とし、長さを40cmに揃え、直径12cm×高さ20cmの円筒形のガラス製の花びんに生けました。

被験者は誰でしょうか？

114人の高校生、女性医療従事者、会社員です。

何を計ったのでしょうか？

生花までの距離は、被験者の目から約37〜40cmとし、被験者の身長に合わせて調節しました。被験者は、部屋を移動してバラの生花もしくは対照（生花なし）の視覚刺激を4分間受けました。心拍変動性（134ページ参照）を用いて交感神経活動と副交感神経活動を計り、脈拍数も計測しました。さらに、質問紙を用いて主観評価を調べました。

結果

- 高校生[66]においては、リラックス時に高まる副交感神経活動が16.7%昂進し、ストレス時に高まる交感神経活動が30.5%抑制されることがわかりました。
- 医療従事者[68]においても、副交感神経活動が33.1%高まることが明らかになりました。
- 会社員全体では、大きな影響を示しませんでしたが、男性会社員31人[67]において、副交感神経活動が21.1%高まることが示されました。
- 上記を合わせた114人の結果[69]においては、バラ生花の視覚刺激により、副交感神経活動が15.1%高まり、交感神経活動が16.3%低下することが示されました。これらの結果は、下のグラフに記されています。

香りのないバラ生花の視覚刺激によって、リラックス時に高まる副交感神経活動が上昇し、ストレス時に高まる交感神経活動が低下することがわかりました。結論として、バラのフラワーアレンジメントを見るだけで、リラックス状態が高まり、ストレス状態が軽減されることが明らかとなりました。

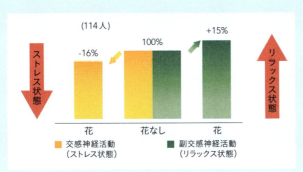

バラのフラワーアレンジメントをみると、114人の被験者のリラックスレベルは高まり、ストレスレベルは低下します。

実験4：
花の香り [72-74]

この実験は、花の香りが、花を見たときと同様に、リラックス効果をもたらすのかどうか調べるために行いました。古来より使われてきた花の香りは、生理的リラックス効果をもつのでしょうか？ その疑問を明らかにするために、バラとオレンジの精油の香りを被験者に吸入してもらいました。

被験者は誰でしょうか？

平均22.5歳の女子大学生、20人です。

何を計ったのでしょうか？

吸入装置を使って、バラ・オレンジ精油の香りを90秒間、吸入しました。感覚強度は「かすかに感じるにおい」から「弱いにおい」になるように調節しました。対照としての刺激は、においを加えられていない空気とし、「バラ」「オレンジ」「空気」はランダムに提示されました。

実験の間、近赤外分光法を用いて脳前頭前野の活動（132〜133ページ参照）を計測し、質問紙を用いた主観評価も調べました。

結果

バラとオレンジの嗅覚刺激によって、脳前頭前野活動が鎮静化することがわかりました。日常的に働き過ぎている脳前頭前野活動が鎮静化し、人としての本来の状態に近づいていると解釈しています。また、主観評価においては、「快適感」「リラックス感」「自然感」が高まることが明らかとなりました。

172　第5章　自然セラピーの科学的背景

実験5：
木の香り[56]

日本人にとって木材は特別な意味を持ち、日常生活と深い関わり
を持っています。しかし、これまでの木材セラピー研究において
は、生理的データの蓄積に関して、極めて少ないのが現状です。

木材を建材として使用する場合、変形を防止するため乾燥が必
要であり、近年は熱処理を施した人工乾燥材が増加しています。
しかし、熱による木材成分の変質や低沸点部の消失により、「木
材本来の香り」に変化が生じる可能性があります。そこで、本項
においては、天然乾燥材および高温処理材チップのにおいがもた
らす生理的リラックス効果の違いについて調べました。

試料であるヒノキ（*Chamaecyparis obtusa*）は、熊本県産の心材を用
いました。製材後45ヶ月間自然乾燥したヒノキを「天然乾燥材」
とし、高温・急速乾燥したヒノキを「高温処理材」としました。

被験者は誰でしょうか？

19人の女子大学生（平均年齢22.5歳）です。

何を計ったのでしょうか？

室温25℃、湿度50%、照度230luxに設定した人工気候室で行い
ました。感覚強度として「かすかに感じるにおい」から「弱いに
おい」とし、刺激時間は90秒としました。近赤外分光法を用いた
脳前頭前野活動（132〜133ページ参照）を計測しました。

結果

天然乾燥材の香り成分吸入によって、左前頭前野の酸素化ヘモグロビン濃度が低下するのに対し、高温処理材においては変化がないことがわかりました。つまり、天然乾燥材の嗅覚刺激は、脳前頭前野活動を鎮静化させ、生理的リラックス効果をもたらすことが示されました。

木の香り成分だけを用いた場合[54, 55]

スギやマツなどの樹木から揮発する代表的な揮発成分であるα-ピネンとリモネンがもたらす嗅覚刺激が人体に及ぼす影響について紹介します。これらの香り成分を吸入した場合、天然乾燥材の香り成分吸入と同様の生理的リラックス効果がもたらされ、主観的にも快適で、リラックスすると感じられていることがわかりました。

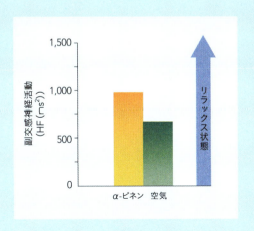

樹木由来の主要な香り成分であるα-ピネンの吸入は、リラックス時に高まることが知られている副交感神経活動を上昇させることを示しています。

斧入れて
香におどろくや
冬木立

与謝蕪村

第6章

―

森林セラピーの
将来

森林浴を含めた自然セラピー研究の中心となる疑問は、自然がどのように人に影響をもたらすかという点です。

自然セラピー研究においては、「自然」が「人」にもたらす効果が研究の中心となりますが、日本だけでなく、ヨーロッパ、アメリカを含め「自然」と「人」を共に研究・教育するシステムがないのが現状です。森林、花等の「自然」を研究する学問分野においては、中心にいるはずの「人」に関する研究も教育も行われていません。医学部では「人」の研究・教育は行われていますが、「自然」を対象とした研究は行われていません。

自然由来の刺激が人にもたらすストレス軽減、リラックス効果が世界中の関心を集めている中、その両方を視野に入れた研究者を今のシステムでは作り出せないのです。日本においては、各研究・教育分野の縦割りが問題となっており、各分野の融合の重要性が指摘されていますが、なかなか改善されません。

アメリカのCenter for Health and Global Environment at the Harvard School of Public Healthのセンター長からも、フィンランド森林研究所所長からも医学部との研究の融合に関して相談を受けました。森林や木材等の「物」を中心に扱ってきた研究領域においては、「人」研究との融合が重要な課題となりますが、今、その過渡期にあるのだと思います。

　私は、自分の意思ではありませんが、研究活動における大きなうねりの中、環境保護学、医学、林・木材学、健康科学分野において、ほぼ10年単位で研究を行う機会を与えていただけたことに心から感謝しています。

　現在、私は、宋チョロン・千葉大学環境健康フィールド科学センター特任助教と池井晴美・森林総合研究所研究員とともに、自然セラピー研究を進めています。池井晴美博士は高校生の時に私の著書を読んで、森林セラピー研究者になることを決意し、千葉大学を受験し、私の研究室で博士号を取得した研究者です。宋チョロン助教は大学生の時に、韓国語に翻訳されている私の著書を読み、同じく森林セラピー研究者になることを決め、海を越えて、修士課程から私の研究室で研究を進め、博士となった研究者です。今は、彼女ら2名が私の両腕となって研究を支えてくれています。

　森林セラピー研究において、日本と韓国の間には、緊密な協力関係の歴史があります。日本では本格的な森林セラピー研究は2004年から始まりましたが、私の右腕として私を支えてくれたのが、Bum-Jin Park・現・忠南大学校教授でした。その後、Juyoung Lee・現・韓京大学校助教授も大きな力となってくれました。旧知の研究者である忠北大学校のWon Sop Shin教授は、2013年3月から2017年7月まで大韓民国山林庁長官を務められました。「国立山林治癒院」の設立に尽力され、森林セラピー研究やプログラムの進展に貢献されています。

　森林浴研究に関する世界への発信に関しては、アメリカのA. C. Loganと同じくアメリカのF. Williamsが大きな役割を果たしています。E. M. SelhubsとA. C. Loganは2012年に発行された「YOUR BRAIN ON NATURE」[4]において、都市化された人工的な社会における自然の重要性について記しています。F. Williamsは2017年2月に「THE NATURE FIX」[79]を出版し、日本語版『NATURE FIX　自然が最高の脳をつくる』も7月にNHK出版から出版されました。私は日本語版の「解説」を執筆しております[80]。

F. Williamsは、自然セラピー分野で活躍中の8ヶ国、20人以上の「旬」の研究者への取材を敢行して本書を執筆しており、現状の森林セラピー研究に関する世界の動向を把握するには絶好の書籍です。彼女は、2012年に最初の森林セラピー訪問地として日本を選び、青森県で実施した私たちの森林セラピー実験に参加しています。

M. A. Cliffordによって創立されたアメリカAssociation of Nature and Forest Therapy Guides and Programsは、アメリカにおいて、健康や教育と自然・森林セラピーを統合する指導的な活動を行っています。森林セラピーガイドの認定にも注力しています。

私は、森林セラピーを含めた自然セラピーは、現在のストレス社会において、ストレス軽減法、リラックス増進法として、最も有用な実践法であると信じています。何と言っても、人の体は「自然対応用」にできているからです。「自然」は今、世界中で懸案事項となっている医療費問題にも大きく貢献していると考えており、今後も、研究を通して、自然セラピーの普及に貢献して行きたいと思っています。

清水へ
祇園をよぎる
桜月夜
こよひ逢ふ人
みなうつくしき

与謝野晶子

森林セラピーの組織

The Association of Nature & Forest Therapy Guides & Programs

アメリカ合衆国に拠点を置くこの組織は、自然・森林セラピーと健康、教育との統合を目指しています。森林セラピーガイドの訓練と認証を行っており、詳細は以下を参照してください。

www.natureandforesttherapy.org

Australasian Nature & Forest Therapy Alliance

オーストラリアのメルボルンに拠点を置いており、オーストラリア、アジアを含めて世界的に自然・森林セラピーを推進することを目的としています。詳細は以下を参照してください。

anfta.org

Forest Holidays, UK

英国政府の森林委員会によってサポートされています。森林セラピーは、ハンプシャーのブラックウッド・フォレストとノーフォークのソープ・フォレストで利用できます。
詳細は以下を参照してください。

www.forestholidays.co.uk

Forest Therapy Scotland

スコットランドにおける森林セラピーの紹介がされています。
詳細は以下を参照してください。

forest-therapy-scotland.com

森林セラピーソサエティ

森林セラピーの実践をサポートするとともに、森林セラピー基地の認定を行っています。
詳細は以下を参照してください。

www.fo-society.jp/therapy

Korea Forest Service（韓国山林庁）

韓国の森林の保護、育成および森林リクレーションに関する活動を行っています。森林浴（韓国では山林浴）のための基地ネットワークも紹介されています。
詳細は以下を参照してください。

english.forest.go.kr

文献

1 朝日新聞 林野庁が「森林浴」構想 1982年7月29日付

2 宮崎良文, 竹内佐輝子, 本橋豊ら 森林浴の心理的効果と唾液中コルチゾール 日本生気象学雑誌 27 48, 1990

3 TIME The healing power of nature, July 25, 2016

4 E.M. Selhub and A.C. Logan, *Your Brain On Nature*, John Wiley & Sons, 2013

5 Brunet, M. et al. A new hominid from the Upper Miocene of Chad, Central Africa. Nature 418, 141−151, 2002

6 C. Song, H. Ikei and Y. Miyazaki. Physiological effects of nature therapy: A review of the research in Japan. Int J Environ Res Public Health 13(8) 781, 2016

7 宮崎良文編著『自然セラピーの科学』朝倉書店 2016

8 C. Song, H. Ikei and Y. Miyazaki. Elucidation of a physiological adjustment effect in a forest environment: a pilot study. Int J Environ Res Public Health 12 4247−4255, 2015

9 B.J. Park, Y. Miyazaki et al. Physiological effects of *shinrin-yoku* (taking in the atmosphere of the forest) using salivary cortisol and cerebral activity as indicators. Journal of Physiological Anthropology 26(2) 123−128, 2007

10 B.J. Park, Y. Miyazaki et al. The physiological effects of *shinrin-yoku* (taking in the forest atmosphere or forest bathing): evidence from field experiments in 24 forests across Japan. Environmental Health and Preventive Medicine 15(1) 18−26, 2010

11 Y. Ohe, Y. Miyazaki et al. Evaluating the relaxation effects of emerging forest-therapy tourism: A multidisciplinary approach. Tourism Manage 62 322−334, 2017

12 C. Song, Y. Miyazaki et al. Effects of viewing forest landscape on middle-aged hypertensive men. Urban For Urban Gree 21 247−252, 2017

13 C. Song, H. Ikei and Y. Miyazaki. Sustained effects of a forest therapy program on the blood pressure of office workers. Urban For Urban Gree 27 246−252, 2017

14 H. Ochiai, Y. Miyazaki et al. Physiological and psychological effects of a forest therapy program on middle-aged females. Int J Environ Res Public Health 12(12) 15222−15232, 2015

15 H. Ochiai, Y. Miyazaki et al. Physiological and psychological effects of forest therapy on middle-aged males with high−normal blood pressure. Int J Environ Res Public Health 12 2532−2542, 2015

16 C. Song, Y. Miyazaki et al. Effect of forest walking on autonomic nervous system activity in middle-aged hypertensive individuals. Int J Environ Res Public Health 12 2687−2699, 2015

17 H. Kobayashi, Y. Miyazaki et al. Population-based study on the effect of a forest environment on salivary cortisol concentration. Int J Environ Res Public Health 14(8) 931, 2017

18 H. Kobayashi, Y. Miyazaki et al. Analysis of individual variations in autonomic responses to urban and forest environments. Evid Based Complement Alternat Med 671094, 2015

19 J. Lee, Y. Miyazaki et al. Acute effects of exposure to traditional rural environment on urban dwellers: a crossover field study in terraced farmland. Int J Environ Res Public Health 12 1874−1893, 2015

20 J. Lee, Y. Miyazaki et al. Influence of forest therapy on cardiovascular relaxation in young adults. Evid Based Complement Alternat Med 834360, 2014

21 Y. Tsunetsugu, Y. Miyazaki et al. Physiological and psychological effects of viewing urban forest landscapes assessed by multiple measurements. Landscape Urban Plan 113 90−93, 2013

22 Y. Tsunetsugu, Y. Miyazaki et al. Physiological effects of *shinrin-yoku* (taking in the atmosphere of the forest) in an old-growth broadleaf forest in Yamagata Prefecture, Japan. J Physiol Anthropol, 26(2) 135−142, 2007

23 J. Lee, Y. Miyazaki et al. Restorative effects of viewing real forest landscapes, based on a comparison with urban landscapes, Scand J Forest Res, 24(3) 227−234, 2009

24 B.J. Park, Y. Miyazaki et al. Physiological effects of forest recreation in a young conifer forest in Hinokage town, Japan. Silva Fenn, 43(2) 291−301, 2009

25 J. Lee, Y. Miyazaki et al. Effect of forest bathing on physiological and psychological responses in young Japanese male subjects, Public Health, 125(2) 93−100, 2011

26 C. Song, Y. Miyazaki et al. Individual differences in the physiological effects of forest therapy based on Type A and Type B behavior patterns. J Physiol Anthropol 32(14) doi: 10.1186/1880−6805−32−14, 2013

27 Y. Tsunetsugu, Y. Miyazaki et al. Trends in research related to *shinrin-yoku* (taking in the forest atmosphere or forest bathing) in Japan. Environ Health Prev Med 15(1) 27−37, 2010

28 Q. Li, Y. Miyazaki et al. Forest bathing enhances human natural killer activity and expression of anti-cancer proteins. Int J Immunopathol Pharmacol 20(S2) 3−8, 2007

29 Q. Li, Y. Miyazaki et al. A forest bathing trip increases human natural killer activity and expression of anti-cancer proteins in female subjects. J Biol Regul Homeost Agents 22(1) 45−55, 2008

30 Q. Li, Y. Miyazaki et al. Visiting a forest, but not a city, increases human natural killer activity and expression of anti-cancer proteins. Int J Immunopathol Pharmacol 21(1) 117−127, 2008

31 佐藤方彦『おはなし生活科学』日本規格協会 1994

32 M.A. O'Grady and L. Meinecke, Journal of Societal and Cultural Research 1(1) 1−25, 2015

33 RS Ulrich, View through a window may influence recovery from surgery. *Science* 224 (4647) 420−421, 1984

34 乾正雄『やわらかい環境論』海鳴社 1988

35 栗田勇『花を旅する（岩波新書）』岩波書店 2001

36 M. Watanabe, The concept of nature in Japanese culture, Science 183 (4122) 279−282, 1974

37 渡辺正雄，伊藤俊太郎編『日本人の自然観』河出書房新社 1995

38 森永晴彦 日本人にも科学ができるか？ 自然 (1) 52−58, 1976

39 http://lang-8.com/609363/journals/2152296761280 6802894156906705044612 8174

40 Y. Saito, *British Journal of Aesthetics*, Vol. 25, No. 3, Summer 1985

41 http://web-japan.org/factsheet/en/pdf/e03_flora.pdf

42 H. Omura, *Mountain Research and Development* 24(2) 179−182, 2004

43 C. Song, Y. Miyazaki et al. Physiological and psychological effects of a walk in urban parks in fall. Int J Environ Res Public Health 12(11) 14216−14228, 2015

44 C. Song, Y. Miyazaki et al. Physiological and psychological responses of young males during spring-time walks in urban parks. J Physiol Anthropol 33(8), 2014

45 C. Song, Y. Miyazaki et al. Physiological and psychological effects of walking on young males in urban parks in winter. J Physiol Anthropol 32(18), 2013

46 N. Matsuba, Y. Miyazaki et al. Physiological effects of walking in Shinjuku Gyoen: A large-scale urban green area, Jpn J Physiol Anthropol, 16(3) 133−139, 2011 (in Japanese with English abstract)

47 M. Igarashi, Y. Miyazaki et al. Physiological and psychological effects of viewing a kiwifruit (*Actinidia deliciosa* 'Hayward') orchard landscape in summer in Japan. Int J Environ Res Public Health 12(6) 6657−6668, 2015

48 K. Matsunaga, Y. Miyazaki et al. Physiologically relaxing effect of a hospital rooftop forest on older women requiring care. J Am Geriatr Soc 59(11) 2162−2163, 2011

49 Y. Miyazaki et al. Changes in mood by inhalation of essential oils in humans II. Effect of essential oils on blood pressure, heart rate, R−R intervals, performance, sensory evaluation and POMS. Mokuzai Gakkaishi 38 909−913, 1992 (in Japanese with English abstract)

50 H. Ikei, C. Song and Y. Miyazaki. Physiological effects of wood on humans: A review. J Wood Sci 63(1) 1−23, 2017

51 H. Ikei, C. Song and Y. Miyazaki. Physiological effects of touching hinoki cypress (*Chamaecyparis obtusa*). J Wood Sci doi: 10.1007/s10086−017−1691−7, 2018

52 H. Ikei, C. Song and Y. Miyazaki. Physiological effects of touching wood. Int J Environ Res Public Health 14(7) 801, 2017

53 H. Ikei, C. Song and Y. Miyazaki. Physiological effects of touching coated wood. Int J Environ Res Public Health 14(7) 773, 2017

54 H. Ikei, C. Song and Y. Miyazaki. Effects of olfactory stimulation by α-pinene on autonomic nervous activity. J Wood Sci 62(6) 568−572, 2016

55 D. Joung, Y. Miyazaki et al. Physiological and psychological effects of olfactory stimulation with D-limonene. Adv Hortic Sci 28(2) 90−94, 2014

56 H. Ikei, Y. Miyazaki et al. Comparison of the effects of olfactory stimulation by air-dried and high

temperature-dried wood chips of hinoki cypress (*Chamaecyparis obtusa*) on prefrontal cortex activity. J Wood Sci 61 537–540, 2015

57 H. Ikei, C. Song and Y. Miyazaki. Physiological effect of olfactory stimulation by hinoki cypress (*Chamaecyparis obtusa*) leaf oil. J Physiol Anthropol 34(44), 2015

58 Q. Li, Y. Miyazaki et al. Effect of phytoncide from trees on human natural killer cell function. Int J Immunopathol Pharmacol 22(4) 951–959, 2009

59 M. Igarashi, Y. Miyazaki et al. Physiological and psychological effects on high school students of viewing real and artificial pansies. Int J Environ Res Public Health 12 2521–2531, 2015

60 M. Igarashi, Y. Miyazaki et al. Effect of stimulation by foliage plant display images on prefrontal cortex activity: A comparison with stimulation using actual foliage plants. J Neuroimaging 25 127–130, 2015

61 H. Ikei, Y. Miyazaki et al. Physiological and psychological relaxing effects of visual stimulation with foliage plants in high school students. Adv Hortic Sci 28(2) 111–116, 2014

62 S.A. Park, Y. Miyazaki et al. Comparison of physiological and psychological relaxation using measurements of heart rate variability, prefrontal cortex activity, and subjective indexes after completing tasks with and without foliage plants. Int J Environ Res Public Health 14(9)1087, 2017

63 S.A. Park, Y. Miyazaki et al. Foliage plants cause physiological and psychological relaxation, as evidenced by measurements of prefrontal cortex activity and profile of mood states. HortScience 51(10) 1308–1312, 2016

64 M.S. Lee, Y. Miyazaki et al. Interaction with indoor plants may reduce psychological and physiological stress by suppressing autonomic nervous system activity in young adults: a randomized crossover study. J Physiol Anthropol 34(21), 2015

65 M. Igarashi, Y. Miyazaki et al. Effects of stimulation by three-dimensional natural images on prefrontal cortex and autonomic nerve activity: a comparison with stimulation using two-dimensional images. Cogn Process 15(4) 551–556, 2014

66 池井晴美, 宮崎良文ら バラ生花の視覚刺激がもたらす生理的リラックス効果―高校生を対象として― 日本生理人類学会誌 18(3) 97–103, 2013

67 H. Ikei, Y. Miyazaki et al. The physiological and psychological relaxing effects of viewing rose flowers in office workers. J Physiol Anthropol, 33(6), 2014

68 小松実紗子, 宮崎良文ら バラ生花の視覚刺激が医療従事者にもたらす生理的・心理的リラックス効果 日本生理人類学会誌 18(1) 1–7, 2013

69 池井晴美, 宮崎良文ら バラ生花の刺激がもたらす生理的リラックス効果―114名の結果から― 日本生理人類学会誌 17(2) 第67回大会要旨集 150–151, 2012

70 C. Song, Y. Miyazaki et al. Physiological effects of viewing fresh red roses. Complement Ther Med 35 78–84, 2017

71 M.S. Lee, Y. Miyazaki et al. Physiological relaxation induced by horticultural activity: transplanting work using flowering plants. J Physiol Anthropol 32(15), 2013

72 M. Igarashi, Y. Miyazaki et al. Effects of olfactory stimulation with rose and orange oil on prefrontal cortex activity. Complement Ther Med 22(6) 1027–1031, 2014

73 M. Igarashi, Y. Miyazaki et al. Effect of olfactory stimulation by fresh rose flowers on autonomic nervous activity. J Altern Complement Med 20(9) 727–731, 2014

74 B.J. Park, Y. Miyazaki et al. Physiological effects of orange essential oil inhalation in humans. Adv Hortic Sci 28(4) 225–230, 2014

75 H. Ochiai, Y. Miyazaki et al. Effects of visual stimulation with bonsai trees on adult male patients with spinal cord injury. Int J Environ Res Public Health 14(9)1017, 2017

76 M. Igarashi, Y. Miyazaki et al. Effects of olfactory stimulation with perilla essential oil on prefrontal cortex activity. J Altern Complement Med 20(7) 545–549, 2014.

77 D. C. Buchanan, *Japanese Proverbs and Sayings*, University of Oklahoma Press, 1965

78 https://liveanddare.com/walking-meditation/

79 F. Williams *The Nature Fix*. W W Norton & Co Inc., 2017

80 フローレンス・ウィリアムズ著 栗木さつき, 森嶋マリ訳『NATURE FIX　自然が最高の脳をつくる』NHK出版 2017

索引

[あ行]

赤城自然園　68, 70
赤沢自然休養林　74
秋山智英　9
阿智村　66
アドレナリン　30, 150–151
歩く→歩行を見よ
α-アミラーゼ　137
α-ピネン　106, 119, 173
池井晴美　179
乾正雄　38
Williams, Florence　180–181
上野村　65, 71
ウオーキング→歩行を見よ
うきは市　69
雲海　67, 77
屋上農場　102
奥多摩町　66, 75
O'Grady, Mary Ann　27
お茶摘み　64, 69, 72
小野小町　46
音楽会　64, 69, 72, 77
温泉　64, 72, 106

[か行]

拡張期血圧→血圧を見よ
家庭　45, 104–105, 116, 121, 164, 168
門松　55
川瀬敏郎　44
観賞植物　164–165
紀貫之　46, 49
気分　10, 78, 88, 118–119, 121
休息と消化　31, 88
霧島市　69
切り花　115, 168

近赤外分光法　132–133, 166, 171–172
栗田勇　46
血圧　24, 34, 72–73, 106, 117, 134, 139, 142, 144–147, 150–153, 156
公園　23, 27, 59, 67, 72–73, 98, 100–101, 162–163
公園セラピー　59, 67, 72, 129, 162
交感神経活動　29–30, 34, 59, 130, 134, 137, 144–147, 163–169
高野町　65–66, 68
個人差　25, 38–39
子供用プログラム　71
コルチゾール　11, 130, 137, 139, 142, 144–147, 150–151, 156–157

[さ行]

サウナ　106
桜　49, 56, 64, 68, 70, 72
佐藤方彦　27
時間分解分光法　132, 148
自然回帰理論　26–27
自然セラピー　12, 17, 21, 23–25, 28–29, 33, 58–59, 72, 127, 129, 132, 134, 138, 164, 178–179, 181
自然対応用　11–12, 23–24, 27, 29, 37, 129, 181
シックビルディング症候群　114
シベリアモミ　122
消極的快適性　38–39
乗馬　64, 71–72

自律神経活動　11. 29, 31, 33, 58, 73, 130, 134, 139, 142
自律神経系→自律神経活動 を見よ
シンガポール　100
人口　9, 26, 28, 52–53, 100
神石高原町　70–71
心拍　104, 134, 139, 163
心拍変動性　134, 139, 142, 144–145, 163–164, 166, 168
森林セラピー　12, 14, 17, 34, 59, 64–72, 74–77, 129, 140–141, 144, 146, 150–161, 177–181
森林セラピー基地　12, 64, 69, 71–72, 74–76
森林浴　9–12, 16–17, 34, 37, 63, 66, 73–74, 78, 81, 98–99, 140, 166, 178, 180
スギ　52, 55, 59, 106, 108, 118, 173
スギ材油　118
ストレス　11–12, 17, 23–27, 29–31, 33–34, 36, 58, 90, 99, 118, 121–122, 130, 134, 137–138, 142, 146, 150–151, 156–157, 160, 162, 164–169, 178, 181
ストレッチ　64–65, 72, 84–85
精油　70, 99, 105, 116–118, 170
生理的調整効果　24–25
セスキテルペン　118
積極的快適性　38–39
（木材・樹木）接触　66, 104, 106
Selhub, Eva M.　180
前頭前野活動　59, 66, 104,

106, 117, 130, 132, 139, 148–
149, 167, 171–173
ソウルスカイガーデン
100, 103
宋チョロン 179

[た行]
大気汚染 38, 66
唾液 11, 130, 137, 139, 142,
144–145, 147, 156–157
滝 64–65, 72
竹 56, 71
棚田 64, 69, 72
智頭町 76, 152
津市 65, 71
津別町 66–67, 69–71, 77
テクノストレス 27
闘争か逃走か 30
都市部 24, 28, 66, 100, 139–
141, 143–145, 147, 149, 161–
162
ドッグセラピー 64, 71–72
登米市 68

[な行]
ナチュラルキラー（NK）細
胞 34, 130, 138, 160
日本の地理 52
脳活動 11, 58, 72, 104, 130,
132–133, 148
ノルディックウオーキング
68
ノンノの森ネイチャーセン
ター 77

[は行]
ハイライン 100–101
鉢植植物 112, 114–115
花見 56, 68
ハンモック 64–65, 72, 86,
88, 155
日高敏隆 44–45
ヒノキ風呂 106
ヒバ 117, 121
病気 9, 12, 25, 28, 33
不快 38–39, 164
副交感神経活動 31, 34, 59,
66–67, 88, 104, 106, 117, 130,
134, 144–147, 163–169, 173
フラワーアレンジメント
44–45, 108, 168–169
Brod, Craig 27
文化 46, 49, 56, 68, 166
ベイマツ 119
ヘブンスそのはら 69–70
ヘモグロビン 132–133, 149,
167, 173
歩行 8, 10, 24, 34, 59, 64,
67–68, 72, 74, 78, 86, 93, 98,
101, 108, 132, 141–145, 147–
149, 155, 157, 162–163
星空 64, 66, 72, 75, 77
盆栽 23, 56, 59, 108–109,
166–167
盆栽セラピー 59, 167

[ま行]
Meinecke, Lonny 27
松 55
脈拍 142, 144–147, 156–157,
164, 168

瞑想 64–65, 72, 75, 82–83, 155
免疫 24–25, 34, 88, 130, 138,
160–161
木材 16–17, 23, 27, 59, 66, 72,
104–106, 129, 172, 178–179
木材セラピー 59, 104, 106,
129, 172
本巣市 68
森永晴彦 46

[や行]
山北町 65, 69
ユーカリ 120
ヨガ 64–65, 72, 75
吉野町 65
予防医学的効果 9, 12, 23–
25, 29

[ら行]
リズム 37, 86
リラックス 14, 17, 23–25, 27,
29, 31, 33–34, 37, 59, 64–67,
71–74, 83, 86, 88, 93, 98–99,
101, 104–106, 108, 110–112,
114–122, 129–130, 132, 134,
138, 146–147, 149, 151, 157,
162–165, 167–173, 178, 181
Logan, Alan C 180

[わ行]
渡辺正雄 46

写真の引用

〈本文〉

上松町 76-7、90-1

赤城自然園 178-9

Alamy Stock Photo Horizon Images/Motion 174-5; Janelle Orth 86-7; Jon Lovette 88-9; Mamoru Muto/Aflo Co Ltd 70-1, 84-5; Richard Wong 167; Rodrigo Reyes Marin/Aflo Co Ltd 124-5; Shosei/Aflo Co Ltd 47; somsak nitimongkolchai 48 above; Victor Nikitin 123; Yu Deshima/Aflo Co Ltd 98-9; Yukihiro Fukuda/ Nature Picture Library 51.

Association of Nature and Forest Therapy Guides and Programs 80-1.

Dreamstime.com Agaliza 100-01; Kosmos111 120.

GAP Photos Howard Rice 165.

Getty Images Brian Kennedy 48 below; Fotosearch 58; Hiroshi Ando/Sebun Photo 22; imagenavi 128; Katsuhiro Yamanashi 34-5; MakiEni's Photo 104; Michael S Yamashita 72; MIXA 28-9; Shosei/Aflo Co Ltd 130-1; Stuart Black/robertharding 2; Takahiro Miyamoto/Sebun Photo 144; Yuji Higashida 32.

iStock amesy 116; AVTG 94; bgfoto 170-1; blew_i 180-1; Eerik 135; elenaleonova 113; GCShutter 60-1; GoranQ 103; HuyThoai 6-7; InaTs 110; jakkapan21 68; konradlew 30; Kwanchai_Khammuean 66-7; loops7 115; Max_Xie 8-9; MediaProduction 56-7; RichLegg 5; sanmai 107; stock_colors 182-3; TommL 108; TT 140-141; zlikovec 44-5.

上市町 64-5

宮崎良文 15、139、143

奥多摩地域振興財団 74-5

Pixabay Lufina 18-19.

Robert Harding Picture Library Colin Brynn 118; Damien Douxchamps 136; Hans-Peter Merten 40-1; Henryk Sadura 78-9; Jason Langley 36; Lee Frost 54.

信州いいやま観光局 82

Shutterstock Patiwat Sariya 92-3.

Unsplash Filip Zrnzevic 13; Ozark Drones 16-17; Sebastian Engler 10-11; Toby Wong 192.

〈カバー・表紙〉

dugdax/Shutterstock.com　表4

Golden House Studio/Shutterstock.com　表1

謝辞

韓国における森林セラピー関連の執筆において、Juyoung Lee博士にご協力頂きました。感謝申し上げます。

アメリカ合衆国における森林セラピー関連の執筆において、水谷めぐみ様（US-Japan cultural consultant based in Sebastopol, California）にご協力頂きました。感謝申し上げます。

Kate Adams様による以下のページの執筆に対して、謝意を表します。
8-9、30-3、49、52、64（上）、78-93、100-2、106（下）、108-9と160-1

Joanna Smith様による以下のページの執筆に対して、謝意を表します。
35、55-6、98-9、104-6（上）、110-22

池井晴美博士の編集協力に対して、謝意を表します。

著者略歴

宮崎良文（みやざき・よしふみ）

1954年神戸生まれ。東京農工大学修士課程（環境保護学）修了、東京医科歯科大学医学部助教（医学博士号取得）、森林総合研究所生理活性チーム長を経て、現在、千葉大学環境健康フィールド科学センター教授（自然セラピー研究室）・副センター長。農林水産大臣賞（「木材と森林浴の快適性増進効果の解明」に対して、2000年）、日本生理人類学会賞（2006年）を受賞。趣味は、熱帯魚飼育と家庭菜園。主な著書に、『自然セラピーの科学』（朝倉書店、2016年）、『森林医学Ⅱ』（朝倉書店、2009年）、『森林医学』（朝倉書店、2006年）、『森林浴はなぜ体にいいか』（文藝春秋、2003年）などがある。

Shinrin-Yoku（森林浴）
心と体を癒す自然セラピー

2018年11月30日　第1版第1刷発行

著　者　宮崎良文
発行者　矢部敬一
発行所　株式会社 創元社
〔本社〕
〒541-0047 大阪市中央区淡路町4-3-6
Tel.06-6231-9010　Fax.06-6233-3111
〔東京支店〕
〒101-0051 東京都千代田区神田神保町1-2 田辺ビル
Tel.03-6811-0662
http://www.sogensha.co.jp/

装　丁　長井究衡

© 2018, Printed in China　ISBN978-4-422-44016-3　C2045
本書を無断で複写・複製することを禁じます。
落丁・乱丁のときはお取り替えいたします。

〈出版者著作権管理機構 委託出版物〉
本書の無断複写は著作権法上での例外を除き禁じられています。複写される場合は、そのつど事前に、出版者著作権管理機構（電話 03-3513-6969、FAX 03-3513-6979、e-mail: info@jcopy.or.jp）の許諾を得てください。